正宗过瘾
川菜

于海娣　主编

北京联合出版公司
Beijing United Publishing Co.,Ltd.

图书在版编目（CIP）数据

正宗过瘾川菜 / 于海娣主编 . —北京：北京联合出版公司，2014.3
（2024.4 重印）

ISBN 978-7-5502-2681-4

Ⅰ . ①正… Ⅱ . ①于… Ⅲ . ①川菜 – 菜谱 Ⅳ . ① TS972.182.71

中国版本图书馆 CIP 数据核字（2014）第 028881 号

正宗过瘾川菜

主　　编：于海娣

责任编辑：李　征

封面设计：韩　立

内文排版：李丹丹

北京联合出版公司出版
（北京市西城区德外大街 83 号楼 9 层　　100088）
三河市万龙印装有限公司印刷　新华书店经销
字数150 千字　　787 毫米 × 1092 毫米　1/16　15 印张
2014 年 3 月第 1 版　2024 年 4 月第 4 次印刷
ISBN 978-7-5502-2681-4
定价：68.00 元

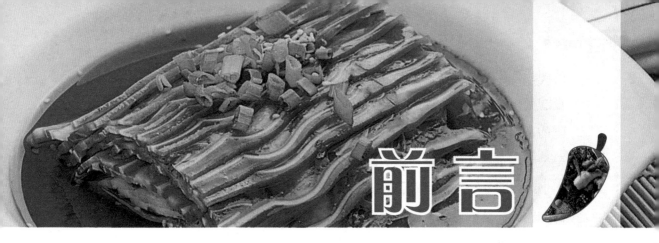

前言

  川菜作为中国八大菜系之一，是对我国西南地区四川和重庆等地具有地域特色的饮食的统称，在我国烹饪史上占有重要的地位。每个地方的人，对待食物的方式，其实就是一种文化。

  川菜的发源地是古代的巴国和蜀国。川菜系形成于秦始皇统一中国到三国鼎立之间；唐宋时期略有发展；元、明、清以来，随着入川官吏增多，大批厨师前往成都落户，经营饮食业，因而川菜得到确立。川菜在中国封建时代晚期颇受鲁菜和江浙菜的影响，其鲜明的风味还没有正式形成，大多是一些不含辣、麻味不强的菜。自明末以来，由北美洲一带所引进的各种辣椒，逐渐渗透到川菜的各种菜式里面，并凭着川蜀地区盆地的地域特色和将近100多年的发展，这才使得"麻"和"辣"真正融入到川菜体系中，并最终确立了今天川菜的风味。

  "民以食为天，食以味为先"，川菜重"味"众所周知，历经2000多年的凝练，川菜吸收南北名家烹饪之长，逐渐形成了一套成熟而独特的烹饪技术，尤以"一菜一格，白菜百味"最为叫绝。麻辣酸甜香各得其所，根据不同菜肴的特点各有侧重，尤其是复合味的运用，通过对辣椒、胡椒、花椒、豆瓣酱等主要调味品进行不同的配比，配出了麻辣、酸辣、椒麻、麻酱、蒜泥、芥末、红油、糖醋、鱼香、怪味等各种味型，无不厚实醇浓，各式菜点无不脍炙人口，因此还有"食在中国，味在四川"之说。

  本书针对人们热爱川菜的需求，精选川菜中深受大众喜爱的畜肉、禽蛋、水产海鲜、素菜等四大类几百道菜肴，款款经典，荤素并举。

  本书第一部分给大家详细介绍了川菜的常用调料、常见味型、烹调特点以及川味锅的基本知识。第二部分所选的85道菜例皆为正宗经典的川菜菜式，对每道菜进行了原料准备、食材处理、做法演示以及制作指导，并配有精美

的图片，读者可以一目了然地了解川菜的制作要点，十分易于操作。即便你没有做川菜的经验，也能做得有模有样有滋味。第三部分补充了川菜中最好吃的畜肉、禽蛋、水产、素菜等四大类254道深受大众喜爱的家常菜肴，简单易学，荤素并举，各种做法兼顾，老少咸宜，适合全家一年四季享用。在本书第四部分给大家介绍了16款经典的川味火锅，用最常见的食材、最常用的调料和简单的做法，将山珍海味烩于一锅，让您足不出户就能在家轻轻松松做出一桌让大家胃口大开的风味火锅，让您和您的家人吃得美味，吃得放心，吃得健康，一起享受美好的团聚时光。

翻开本书，让全家尽享川菜的麻辣鲜香，越吃越上瘾。

目录

1 第1部分 绪论

2 第2部分 85道正宗美味的经典川菜

3 第3部分
254道好吃易做的家常川菜

4 第4部分
16道 有滋有味的 川味锅

第 1 部分

绪 论

川菜常用调味料介绍

川菜的调味料在川菜菜肴的制作中起着至关重要的作用，也是制作麻辣、鱼香等味型菜肴必不可少的佐料。川菜中常用的调味料包括胡椒、花椒、二荆条辣椒、子弹头辣椒、七星椒、小米辣等。可以根据不同菜的口味特点选用不同的调味料，让菜的口味更独特。

胡椒

胡椒主要成分为α、β-蒎烯和胡椒醛、胡椒碱、胡椒脂碱等，辛辣中带有芳香，有特殊的辛辣刺激味和强烈的香气，有除腥解膻、解油腻、助消化、增添香味、防腐和抗氧化作用，能增进食欲，可解鱼虾蟹肉的毒素。胡椒分黑胡椒和白胡椒两种。黑胡椒辣味较重，香中带辣，散寒、健胃功能更强，多用于烹制内脏、海鲜类菜肴。

花椒

花椒果皮含辛辣挥发油及花椒油香烃等，辣味主要来自山椒素。花椒有温中气、减少膻腥气、助暖作用，且能去毒。烹牛肉、羊肉、狗肉时更应多放花椒；清蒸鱼和干炸鱼，放点花椒可去腥味；腌榨菜、泡菜，放点花椒可以提高风味；煮五香豆腐干、花生、蚕豆和黄豆等，用些花椒，味更鲜美。

花椒在咸鲜味菜肴中运用比较多，一是用于原料的先期码味、腌渍，起去腥、去异味的作用；二是在烹调中加入花椒，起避腥、除异、和味的作用。

辣椒

川菜中用到的辣椒有干辣椒、辣椒粉和红油泡辣椒等。干辣椒是用新鲜辣椒晾晒而成的，外表呈鲜红色或棕红色，有光泽，内有籽。干辣椒气味特殊，辛辣如灼。川菜调味使用干辣椒的原则是辣而不死，辣而不燥。成都及其附近所产的二荆条辣椒和威远的七星椒，皆属此类品种，为辣椒中的上品。干辣椒可切节使用，也可磨粉使用。干辣椒节主要用于糊辣口味的菜肴，如炝莲白、炝黄瓜等菜肴。使用辣椒粉的常用方法有两种，一是直接入菜，如宫保鸡丁就要用辣椒粉，起到增色的作用；二是制成红油辣椒，作红油、麻辣等口味菜肴的调味品，广泛用于冷热菜式，如红油笋片、红油皮扎丝、麻辣鸡、麻辣豆腐等菜肴。除干辣椒外，还有一种在川菜调味中起重要作用的泡辣椒，它是用新鲜的红辣椒泡制而成的。由于泡辣椒在泡制过程中产生了乳酸，用于烹制菜肴，就会使菜肴具有独特的香气和味道。

冬菜

冬菜是四川的著名特产之一，主产于南充、资中等市。冬菜是用青菜的嫩尖部分，加上盐、香料等调味品装坛密封，经数年腌制而成。冬菜以南充生产的顺庆冬尖和资中生产的细嫩冬尖为上品，有色黑发亮、细嫩清香、味道鲜美的特点。冬菜既是烹制川菜的重要辅料，也是重要的调味品。在菜肴中作辅料的有冬尖肉丝、冬菜肉末等，既作辅料又作调味品的有冬菜肉丝汤等菜肴，均为川菜中的佳品。

豆瓣酱

川菜常用郫县豆瓣酱和金钩豆瓣两种豆瓣酱，郫县豆瓣以鲜辣椒、上等蚕豆、面粉和调味料酿制而成，以四川郫县豆瓣厂生产的为佳。这种豆瓣色泽红褐、油润光亮、味鲜辣、瓣粒酥脆，并有浓烈的酱香和清香味，是烹制家常口味、麻辣口味的主要调味品。烹制时，一般都要将其剁细使用，如豆瓣鱼、回锅肉、干煸鳝鱼等所用的郫县豆瓣，都是先剁细的。还有一种以蘸食为主的豆瓣，即以重庆酿造厂生产的金钩豆瓣酱为佳。它是以蚕豆为主，以金钩（四川对干虾仁的称呼）、香油等为辅酿制的。这种豆瓣酱呈深棕褐色，光亮油润，味鲜回甜，咸淡适口，略带辣味，酯香浓郁。金钩豆瓣是清炖牛肉汤、清炖牛尾汤等的最佳蘸料，烹制火锅也离不开豆瓣，还可以用来调制酱料。

豆豉

以黄豆为主要原料，经选择、浸渍、蒸煮，用少量面粉拌和，并加米曲霉菌种酿制后，取出风干而成的。具有色泽黑褐、光滑油润、味鲜回甜、香气浓郁、颗粒完整、松散化渣的特点。烹调上以永川豆豉和潼州豆豉为上品。豆豉可以加油、肉蒸后直接佐餐，也可作豆豉鱼、盐煎肉、毛肚火锅等菜肴的调味品。目前，不少民间流传的川菜也需要豆豉调味。

芥末

芥末即芥子研成的末。芥子干燥品无味，研碎湿润后，发出强烈的刺激气味，冷菜、荤素原料皆可使用。如芥末嫩肚丝、芥末鸭掌、芥末白菜等，均是夏、秋季节的佐酒佳肴。目前，川菜也常用芥末的成品芥末酱、芥末膏，成品使用起来更方便。

陈皮

陈皮亦称"橘皮"，使用成熟了的橘子皮，阴干或晒干制成。陈皮呈鲜橙红色、黄棕色或棕褐色，质脆，易折断，以皮薄而大、色红、香气浓郁者为佳。在川菜中，陈皮味型就是以陈皮为主的调味品调制的，是川菜常用的味型之一。陈皮在冷菜中运用广泛，如陈皮兔丁、陈皮牛肉、陈皮鸡等。此外，由于陈皮和山柰、八角、茴香、丁香、小茴香、桂皮、草果、老寇、沙仁等原料一样，都有各自独特的芳香气，所以，它们都是调制五香味型的调味品，多用于烹制动物性原料和豆制品原料的菜肴，如五香牛肉、五香鳝段、五香豆腐干等，四季皆宜，佐酒下饭均可。

川盐

川盐能定味、提鲜、解腻、去腥，是川菜烹调的必需品之一。盐有海盐、池盐、岩盐、井盐之分。川菜常用的盐是井盐，其氯化钠含量高达99%以上，味纯正，无苦涩味，色白，结晶体小，疏松不结块。川盐以四川自贡所生产的井盐为盐中最理想的调味品。

榨菜

榨菜在烹饪中可直接作咸菜上席，也可用作菜肴的辅料和调味品，对菜肴能起提味、增鲜的作用。榨菜以四川涪陵生产的涪陵榨菜最为有名。它是选用青菜头或者菱角菜（亦称羊角菜）的嫩茎部分，用盐、辣椒、酒等腌后，榨除汁液呈微干状态而成。以其色红质脆、块头均匀、味道鲜美、咸淡适口、香气浓郁的特点誉满全国，名扬海外。用它烹制菜肴，不仅营养丰富，而且还有爽口开胃、增进食欲的作用。榨菜在菜肴中，能同时充当辅料和调味品，如榨菜肉丝、榨菜肉丝汤等。以榨菜为原料的菜肴，皆有清鲜脆嫩、风味别具的特色。

川菜常见味型的调制

川菜自古讲究"五味调和"、"以味为本"。川菜的味型之多居各大菜系之首。下面向读者介绍十种常见的川菜味型。

 **红油味**

为川菜冷菜复合调味之一。以川盐、红油（辣椒油）、白酱油、白糖、味精、香油、红酱油为原料。其方法是：先将川盐、白酱油、红酱油、白糖、味精和匀，待溶化，兑入红油、香油即成。以盐定味，白酱油提鲜味、增咸味，红酱油增色，辅助白糖和味，味精和味增鲜。其风格特点是：颜色红亮，咸、鲜、香、辣、甜五味兼有，融为一体，适合四季调味。

 蒜泥味

为冷菜复合调味之一。以食盐、蒜泥、红白酱油、白糖、红油、味精、香油为原料，重用蒜泥，突出辣香味，使蒜香味浓郁，鲜、咸、香、辣、甜五味调和，清爽宜人，适合春夏拌凉菜用。调味方法同上。

 椒麻味

为川菜冷菜复合调味之一。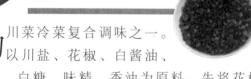以川盐、花椒、白酱油、葱花、白糖、味精、香油为原料。先将花椒研为细末，葱花剁碎，再与其他调味品调匀即成。此味重用花椒，突出椒麻味，并用香油辅助，使之麻辣清香，风味幽雅，适合四季拌凉菜用。

 怪味

又名"异味"，因诸味兼有、制法考究而得名。以川盐、红白酱油、味精、芝麻酱、白糖、醋、香油、红油、花椒末、熟芝麻为原料。先将盐、白糖在红白酱油内溶化，再与味精、香油、花椒末、芝麻酱、红油、熟芝麻充分调匀即成。是佐酒菜肴的调味佳品。

 麻辣味

为川菜的基本调味之一。主要原料为川盐、白酱油、红油（或辣椒末）、花椒末、味精、白糖、香油、豆豉等。烹调热菜时，先将豆豉入锅，撒上花椒末即成。此味适合用于"麻婆豆腐"等菜肴。

鱼香味

为川菜的特殊风味。原料为川盐、泡鱼辣椒或泡红辣椒、姜、葱、蒜、白酱油、白糖、醋、味精。配合时，盐与原料码芡上味，使原料有一定的咸味基础；白酱油和味提鲜，泡鱼辣椒带鲜辣味，突出鱼香味；姜、葱、蒜增香、压异味，用量以成菜后香味突出为准。烹调时，先将盐与原料码芡上味，白酱油、葱、白糖、醋兑成味汁待用。油热时投入原料，搅散，加入剁蓉的泡鱼辣椒，炒香上色，再加入姜、蒜炒出味，原料断生时烹入味汁，收汁亮油起锅。

家常味

为川菜复合调味之一。所谓"家常"就是"居家常用"，具有咸鲜微辣的特点。如回锅肉、家常海参属家常菜。此味以豆瓣为主调料，所以又叫"豆瓣味"。

麻酱味

为冷拌菜肴复合调味之一。主要原料为食盐、白酱油、白糖、芝麻酱、味精、香油等。此味主要突出芝麻酱的香味。故盐与酱油用量要适当，味精用量宜大，以提高鲜味。特点是咸鲜可口，香味自然。主要用于四季拌佐酒冷菜。

芥末味

是拌冷菜复合调味之一。以食盐、白酱油、芥末糊、香油、味精、醋为原料。先将其他调料拌入，兑入芥末糊，最后淋以香油即成。此味咸、鲜、酸、香、冲兼而有之，爽口解腻，颇有风味，适合调下酒菜。

椒盐味

主要原料为花椒、食盐。制法：先将食盐炒熟，研细末，花椒焙熟研细末，以一成盐、二成花椒配比而成。咸而香麻，四季皆宜。适用于软炸和酥炸类菜肴。

川菜的烹调特点

川菜突出麻、辣、香、鲜、油大、味厚,重用"三椒"(辣椒、花椒、胡椒)和鲜姜。味型上有干烧、鱼香、怪味、椒麻、红油、姜汁、糖醋、荔枝、蒜泥等复合味型,形成了川菜的特殊风味,享有"一菜一格,百菜百味"的美誉。

选料认真

川菜要求对原料进行严格选择,做到量材使用,物尽其能,既要保证质量,又要注意节约。原料力求活鲜,并要讲究时令。选料除菜肴原料的选择外,同时还包括调料的选用。许多川菜对辣椒的选择是很注重的,如麻辣、家常味型菜肴,必须用四川的郫县豆瓣酱;制作鱼香味型菜肴,必须用川味泡辣椒等。

刀工精细

刀工是川菜制作的一个很重要的环节。它要求制作者认真细致,讲究规格,根据菜肴烹调的需要,将原料切配成形,使之大小一致、长短相等、粗细一样、厚薄均匀。这不仅能够使菜肴便于调味,整齐美观,而且能够避免成菜生熟不齐、老嫩不一。如水煮牛肉和干煸牛肉丝,它们的特点分别是细嫩和酥香化渣,如果所切肉丝肉片长短、粗细、厚薄不一致,烹制时就会火候难辨、生熟难分。

合理搭配

川菜烹任,要求对原料进行合理搭配,以突出其风味特色。川菜原料分独用、配用,讲究浓淡、荤素适当搭配。味浓者宜独用,不搭配;淡者配淡,浓者配浓,或浓淡结合,但均不使夺味;荤素搭配得当,不能混淆。这就要求,除选好主要原料外,还要做好辅料的搭配,做到菜肴滋味调和丰富多采,原料配合主次分明,质地组合相辅相成,色调协调美观鲜明,使菜肴不仅色香味俱佳,具有食用价值,而且富于营养价值和艺术欣赏价值。

精心烹调

川菜的烹调方法很多,火候运用极为讲究。众多的川味菜式,是用多种烹调方法烹制出来的。川菜烹调方法多达几十种,常见的如炒、熘、炸、爆、蒸、烧、煨、煮、焖、煸、炖、淖、卷、煎、炝、烩、腌、卤、熏、拌、参、蒙、贴、酿等。

众多的川菜品种,是用多种烹饪方法制作出来的。这当中既有一些全国通用的,也有一些四川独创的。如四川独创的小炒、干煸、干烧、家常烧就别具一格。

小炒之法,不过油,不换锅,临时对汁,急为短炒,一锅成菜,菜肴起锅装盘,顿时香味四溢。

干煸之法,用中火热油,将丝状原料不断翻拨煸炒,使之脱水、成熟、干香。

干烧之法,用中火慢烧,使有浓厚味道的汤汁渗透于原料之中,自然成汁,醇浓厚味。

家常烧法,先用中火热油,入汤烧沸去渣,放料再用小火慢烧至成熟入味勾芡而成。川外人熟悉的麻婆豆腐就是用家常烧法烹饪的。

热辣的四川火锅

四川火锅不仅用料广泛，而且鲜香味美，以香辣著称，口味具有大众化等特点。下面将为大家详细介绍四川火锅的特点、吃法及吃火锅要坚持的原则。

 ## 四川火锅的特点

（1）鲜香味美

在火力作用下，火锅中的汤卤处于滚沸状态，食者边烫边食，热与味结合，"一热当之鲜"；加之汤卤调制十分讲究，含有多种谷氨酸和核甘酸在汤卤中相互作用，产生十分诱人的鲜香味；再加上选用上乘的调料、新鲜的菜品和味碟，真是鲜上加鲜，回味无穷。

（2）口味大众化

四川火锅在品种和风味上实行了多样化，可以满足不同食客的需求；再加上几十种不同的味碟的调配，其适应性更加广泛，适合大众之口味。

（3）用料广泛

以传统的毛肚火锅的"牛杂"到今天的飞禽、走兽、山珍、海味等原料的增加，四川火锅的品种可以说数不胜数了，用一句话概括就是凡是能吃的食物都可以在火锅中煮或烫食。

（4）制作精细

除调味料的选用必须上乘外，汤料的熬制、原料的加工、味碟的配备、菜品的摆放、烫食的艺术都十分讲究。

（5）方便有趣

火锅之乐，在于意趣，亲朋好友、宾客同伴，围着火锅，边煮边烫、边吃边聊，可丰可俭，其乐无穷，正如清代诗人严辰写的"围炉聚饮欢呼处，百味消融小釜中"。

（6）养身健体

由于用料的作用，火锅对身体十分有益。如吃得大汗淋漓，对于治感冒有一定的疗效，可祛风湿。特别是含营养较高的食品，如鱼头、甲鱼等，还有吃药膳火锅，对保健强身、辅助治疗某些疾病也有一定的作用。

 ## 四川火锅的吃法

（1）涮

即将用料夹好，在锅中烫熟，其要诀是：首先要区别各种用料，不是各种用料都是能烫食的。一般来说，质地嫩脆，顷刻即熟的用料适用于烫（涮）食，如鸭肠、腰片、肝片、豌豆苗、菠菜等；而质地稍密一些，顷刻不易熟的，要多烫一会儿，如毛肚、菌肝、牛肉片等；其次要观察汤卤变化，当汤卤滚沸、不断翻滚，并且汤卤上油脂充足时，烫食味美又可保温；再次，要控制火候，火候过头，食物则变老，火候不到，则是生的；第四，烫时必须夹稳食物，否则掉入锅中，则易煮老、煮化。

（2）煮

即把用料投入汤中煮熟。其要诀是：首先要选择可煮的用料，如带鱼、肉丸、香菇等这些质地较紧密的，必须经过长时间加热才能食用的原料；其次，要掌握火候，有的食材煮久了要煮散、煮化。

其他要注意的吃火锅的经验应是先荤后素，烫食时汤汁一定要滚开，要全部浸入汤汁中烫食；其次是调节麻辣味，方法是：喜麻辣者，可从火锅边

上油处烫食；反之则从中间沸腾处烫食；再次就是吃火锅时，必须配一杯茶，以开胃消食，解油去腻，换换口味，减轻麻辣之感。

 ## 吃火锅要坚持的原则

（1）清汤锅底最养人

100克麻辣锅底的热量是517千卡，而清汤锅底的热量仅为10千卡，清汤锅底不但脂肪较少，还能减少汤中的亚硝酸盐对人体的危险。

（2）顺序换换：肉—菜—肉

传统吃火锅的顺序是先吃肉，因为这样才能带出汤底的好味道。现在很多锅底本来味道就够香浓，在刚开始涮火锅的时候，涮两筷子肉，然后放一部分低脂的蔬菜豆腐，再继续涮两筷子肉。交替食用，可以避免荤素比例失调。

（3）茶和蛋白饮料是首选

搭配火锅的最佳饮料是清茶、植物茶和蛋白饮料。蛋白饮料最宜餐前喝，能提供碳水化合物，也能帮助保护肠胃；清茶能腻去火，更能突出火锅的风味。

（4）晾凉再吃不着急

又辣又麻的火锅最伤食道。吃火锅的时候，告诉自己不要着急，把菜夹到碟子里晾凉，然后放在小料中蘸一蘸吃，一定要做到"热不灼唇"。

（5）锅底类型要斟酌

除了传统的麻辣锅和清汤锅，还有许多新鲜的花样，比如粥锅底、鸡汤锅底、海鲜锅底、滋补锅底等。这些锅底都加入了盐和鲜味剂，不及清汤那么健康。其中鸡汤锅底和海鲜锅底不适合痛风病人。滋补锅底加入了保健食材，但正因为如此，它并不适合所有的人。

（6）杂粮薯类助消化

涮杂粮面条是个好主意，最好是直接涮点红薯片、土豆片等，其中维生素和矿物质比较多，较多的纤维还能促进肠胃蠕动，并有利于维持营养平衡。

（7）别忘配盘小凉菜

在吃火锅的时候，可以搭配一些简单清淡的凉菜来平衡，不但能避免上火，还能补充更多的维生素C和B族维生素。

（8）半小时内先喝汤

研究证明，在开始涮火锅后的半小时内，火锅汤中亚硝酸盐的含量是很低的，嘌呤也低一些。因此，只要喝半小时内的汤就不会有多大的麻烦。另外，清汤锅底更加安全。

（9）小料口味要清淡

对于尿酸过高的人来说，酱料就尽量不要再选择海鲜口味，以免嘌呤含量过高；蒜泥香油蘸料脂肪含量较高，高血脂人群不适宜；芝麻酱营养价值最高，还能提供大量的钙和维生素E。

（10）吃火锅时间别超过1小时

研究显示，某些火锅汤底烧煮90分钟后，亚硝酸盐含量会增加近10倍之多！亚硝酸盐与火锅汤中的氨基酸分解产物结合，可能形成致癌物亚硝胺，因此不可忽视其对健康的危险。

第 2 部分

85 道
正宗美味的
经典川菜

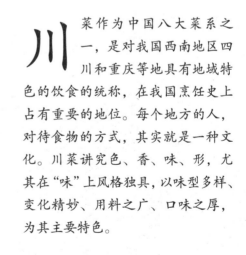

川菜作为中国八大菜系之一，是对我国西南地区四川和重庆等地具有地域特色的饮食的统称，在我国烹饪史上占有重要的地位。每个地方的人，对待食物的方式，其实就是一种文化。川菜讲究色、香、味、形，尤其在"味"上风格独具，以味型多样、变化精妙、用料之广、口味之厚，为其主要特色。

畜肉类

◆川菜选用畜肉作为烹制原料，其品种之多，味道之丰富，是对素有"一菜一格，百菜百味"的川菜的最好诠释。这部分的菜让您在享受了肉的纯正口感后，还能品味麻与辣的相互交融，真正感受到川菜滋味。

芽菜肉碎四季豆 ⏰ 制作时间 15分钟

材料 五花肉末70克，四季豆150克，芽菜60克，蒜末、红椒末各少许

调料 料酒、生抽、盐、味精各适量

食材处理

① 将洗净的四季豆切小段。

② 热锅注油，烧至三成热，倒入四季豆。

③ 滑油片刻捞出。

做法

① 锅留底油，倒入五花肉末翻炒至出油。

② 再加入蒜末、红椒末炒香。

③ 淋入料酒、生抽炒香。

④ 倒入芽菜炒匀，加入四季豆翻炒至熟。

⑤ 放盐、味精炒至入味。

⑥ 淋入熟油拌匀，盛入盘中即可。

制作指导 四季豆先用油炸熟再炒，比较省时间。芽菜有咸味，调味时要少放点盐。多放点蒜末，能为此菜增香。

宫保肉丁

⏱ 制作时间 **13分钟**

材料 瘦肉200克，水发木耳30克，冬笋50克，莴笋60克，胡萝卜30克，花生米45克，姜片、蒜末各少许

调料 盐、味精、料酒、水淀粉、豆瓣酱、食用油各适量

食材处理

① 将已去皮洗好的胡萝卜切丁；把去皮洗净的莴笋切丁；将去皮洗净的冬笋切丁；把木耳切片。

② 把洗净的瘦肉切丁，加盐、味精、水淀粉拌匀，再加入少许食用油腌渍10分钟。

③ 锅中倒入清水，加盐、食用油烧开，倒入胡萝卜、莴笋、冬笋和木耳，大火煮约2分钟至熟后捞出。

④ 倒入洗好的花生米，煮约2分钟至熟后捞出。

⑤ 热锅注油烧热，倒入煮熟的花生米，小火炸2分钟至熟后捞出。

⑥ 倒入肉丁，滑油片刻后捞出。

做法

① 锅留底油，倒入姜片、蒜末爆香。

② 加入冬笋、木耳、胡萝卜、莴笋炒匀。

③ 倒入肉丁，加盐、味精、料酒炒至熟。

④ 加入豆瓣酱炒香，再倒入少许水淀粉，拌炒均匀。

⑤ 倒入花生米炒匀。

⑥ 盛入盘中即成。

制作指导 木耳宜用冷水泡发，这样不易流失营养；还可以在水中加些淀粉，搅拌一下会使木耳缝隙里的脏物沉淀到水底。

鱼香肉丝

⏰ 制作时间 **12分钟**

材料 瘦肉150克，水发木耳40克，冬笋100克，胡萝卜70克，蒜末、姜片、蒜梗各少许

调料 盐3克，水淀粉10毫升，料酒5毫升，味精3克，生抽3毫升，食粉、食用油、生粉、陈醋、豆瓣酱各适量

食材处理

① 把洗好的木耳切成丝；洗净的胡萝卜切片，改切成丝。洗净的冬笋切片，改切成丝。

② 洗净的瘦肉切片，改切成丝，装入碗中，加入少量盐、味精、食粉、水淀粉拌匀。

③ 倒入少许食用油腌渍10分钟入味。

④ 锅中注入清水，大火烧开，加入盐，倒入胡萝卜、冬笋、木耳拌匀，煮1分钟至熟。

⑤ 将煮好的材料捞出，沥干水分备用。

⑥ 热锅注油，烧至四成热，放入肉丝，滑油至白色即可捞出。

做法

① 锅底留油，倒入蒜末、姜片、蒜梗爆香。

② 倒入胡萝卜、冬笋、木耳炒匀。

③ 倒入肉丝，加料酒拌炒匀。

④ 加入盐、味精、生抽、豆瓣酱、陈醋。

⑤ 炒匀调味。

⑥ 加入少许水淀粉。

⑦ 快速拌炒匀。

⑧ 盛出装盘即可。

制作指导 木耳要洗净，去除杂质和沙粒；另外，鲜冬笋质地细嫩，不宜炒制过老，否则会失去其鲜嫩的口感。

土豆回锅肉

制作时间 **15分钟**

材料 五花肉500克，土豆200克，青蒜苗50克，朝天椒20克

调料 高汤、盐、味精、糖色、豆瓣酱、白糖、蚝油、辣椒油、水淀粉各适量

食材处理

① 土豆去皮，洗净切片。

② 朝天椒切圈。

③ 青蒜苗切段。

④ 锅中加适量清水，放入五花肉。

⑤ 加少许料酒，氽至断生捞出。

⑥ 五花肉切片，装入碗内，加入糖色拌匀。

做法

① 用食用油起锅，倒入五花肉炒至出油。

② 加豆瓣酱炒香，再淋入少许料酒炒匀。

③ 倒入朝天椒、土豆片，拌炒匀。

④ 倒入高汤，拌匀煮熟，再加入盐、味精、白糖、蚝油调味，倒入蒜苗梗，翻炒至熟。

⑤ 加入淀粉、辣椒油炒匀，放入蒜叶。

⑥ 拌炒均匀，盛入盘中即成。

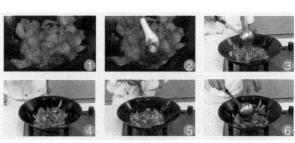

制作指导 煮五花肉时，将筷子插入五花肉中，若没有血水渗出说明五花肉已煮至熟透。

蒜薹回锅肉

⏰ **制作时间**
14分钟

材料 蒜薹120克，红椒15克，五花肉150克，姜片、葱白各少许

调料 盐、味精、蚝油、料酒、老抽、水淀粉各适量

食材处理

① 锅中注入适量清水，放入洗净的五花肉。

② 加盖焖煮7分钟至熟，捞出五花肉，稍放凉。

③ 五花肉切片。

④ 再把洗好的蒜薹切成段。

⑤ 将红椒切片。

⑥ 锅注油烧热，倒入蒜薹，滑油片刻至断生，捞出。

做法

① 锅留底油，倒入五花肉，炒至出油。

② 锅中加入老抽、料酒，将肉片翻炒至香。

③ 锅中倒入姜片、葱白、红椒和蒜薹，翻炒至熟。

④ 加入盐、味精和蚝油炒匀调味。

⑤ 加少许水淀粉勾芡。

⑥ 将做好的菜盛入盘内即可。

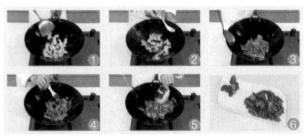

制作指导 蒜薹入锅烹制的时间不宜过长，以免辣素被破坏降低其杀菌作用。

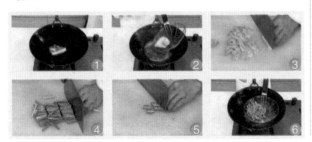

辣椒炒肉卷

制作时间
15分钟

材料 青椒50克，红椒30克，肉卷100克，姜片、蒜末、葱白各少许

调料 盐、味精、鸡粉、豆瓣酱、水淀粉、料酒各适量

食材处理

1 将洗净的青椒切片；将洗好的红椒切片；肉卷切片。

2 热锅注油，烧至四成热，放入肉卷。

3 肉卷炸至金黄色时捞出。

做法

1 锅底留油，倒姜片、蒜末、葱白爆香。

2 加青、红椒炒香。

3 加肉卷，加盐、味精、鸡粉、豆瓣酱、料酒炒匀。

4 用水淀粉勾芡。

5 翻炒均匀。

6 盛出，装入盘中即可。

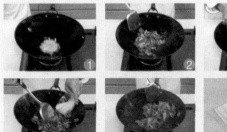

制作指导 在烹饪尖椒时要掌握火候，由于维生素C不耐热，易被破坏，在铜器中更是如此，所以还要避免使用铜质餐具。

水煮肉片

⏱ 制作时间 **14分钟**

材料 瘦肉200克，生菜50克，灯笼泡椒20克，生姜、大蒜各15克，葱花少许

调料 盐6克，水淀粉20毫升，味精3克，食粉3克，豆瓣酱20克，陈醋15毫升，鸡粉3克，食用油、辣椒油、花椒油、花椒粉各适量

食材处理

① 洗净的生姜拍碎，剁成末。

② 洗净去皮的大蒜切片。

③ 灯笼泡椒切开，剁碎。

④ 洗净的瘦肉切薄片。

⑤ 肉片加少许食粉、盐、味精拌匀。

⑥ 加水淀粉拌匀，加少许食用油，腌渍10分钟。

⑦ 热锅注油，烧至五成热，倒入肉片。

⑧ 滑油至转色即可捞出。

做法

① 锅底留油，倒入蒜片、姜末、灯笼泡椒末、豆瓣酱爆香。

② 倒入肉片，加约200毫升清水。

③ 加辣椒油、花椒油炒匀。

④ 加盐、味精、鸡粉炒匀，煮约1分钟入味。

⑤ 加水淀粉勾芡，加陈醋炒匀。

⑥ 翻炒片刻至入味。

⑦ 洗净的生菜叶垫于盘底，盛入煮好的肉片。

⑧ 撒上葱花、花椒粉。

⑨ 锅中加少许食用油，烧至七成热，将热油浇在肉片上即可。

> **制作指导** 豆瓣酱一定要炒出红油，否则会影响成菜的外观和口感。

咸烧白

⏰ 制作时间 **45分钟**

材料 五花肉350克，芽菜150克，姜片25克，葱花、味精、白糖、盐各3克

调料 八角、干辣椒、花椒、糖色、老抽、料酒各少许

食材处理

① 锅中注入适量清水，放入五花肉，加盖煮熟。

② 取出煮熟的五花肉，在肉皮上抹上糖色。

③ 锅中热油，放入五花肉，略炸，至肉皮呈暗红色捞出。

④ 将五花肉切片。

⑤ 装入碗内，淋入老抽、料酒，加盐、味精拌匀，放入八角、花椒、干辣椒、姜片。

⑥ 起油锅，倒入姜片、芽菜、干辣椒、葱花炒香。

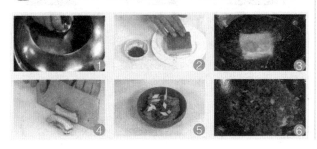

做法

① 芽菜加味精、白糖调味炒熟，放在肉片上压实。

② 放入蒸锅中。

③ 加盖，中火蒸40分钟至熟软。

④ 揭盖取出。

⑤ 倒扣入盘内。

⑥ 取走碗，撒上葱花即成。

制作指导 用厨房用纸吸干五花肉的水分，在炸时可防油溅出。

干锅双笋

制作时间
13分钟

制作指导 ▶ 翻炒蒜苗的时间不宜过长，以免降低其杀菌效果。

材料 冬笋、莴笋各300克，五花肉少许，干辣椒20克，蒜苗段25克，蒜末、姜片各15克，青椒、红椒各25克

调料 豆瓣酱、辣椒酱各20克，盐2克，味精1克，蚝油、水淀粉、食用油各适量

做法

① 炒锅注油烧热，倒入五花肉爆香。

② 加少许蚝油炒匀上色。

③ 倒入姜片、蒜末，加入豆瓣酱、辣椒酱炒匀。

④ 倒入干辣椒、青椒、红椒，炒匀。

⑤ 放入冬笋、莴笋炒匀，注入清水拌煮至熟透。

⑥ 转小火，加盐、味精调味。

⑦ 加水淀粉炒匀。

⑧ 放入蒜苗段，用中火炒至断生。

⑨ 盛出即成。

食材处理

① 洗好的冬笋切成片；去皮洗净的莴笋切成片。

② 洗净的青椒、红椒（均去籽）、去皮洗净的莴笋切片。

③ 洗好的五花肉切片。

干锅猪肘

⏰ 制作时间
15分钟

材料 卤猪肘200克，菜心20克，干辣椒15克，花椒、姜片、葱段各少许

调料 盐2克，味精、白糖、蚝油、料酒、辣椒油、豆瓣酱、高汤各适量

食材处理

① 卤猪肘切成块。

② 洗好的菜心切开梗。

制作指导 选用新鲜猪肘，应提前将猪肘放入用八角、桂皮、丁香、草果、姜、葱条制成的白卤水中，小火慢卤40分钟至入味，取出放凉拆去骨头再烹制。

做法

① 锅注油烧热，倒入干辣椒、花椒、姜片、葱段爆香。

② 加豆瓣酱拌匀。

③ 倒入猪肘翻炒片刻。

④ 加入料酒，倒入高汤拌炒匀。

⑤ 加盖，用中火将猪肘焖煮2～3分钟至入味。

⑥ 揭盖，加盐、味精、白糖和蚝油炒匀调味。

⑦ 大火收干汁后淋入少许辣椒油。

⑧ 撒入葱段，拌匀。

⑨ 盛入干锅即成。

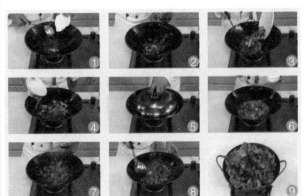

红油拌肚丝

⏰ 制作时间 **12分钟**

材料 熟猪肚200克，红椒丝、蒜末各少许

调料 盐3克、鸡粉1克、辣椒油、鲜露、生抽、味精、白糖、老抽、芝麻油、食用油各适量

做法

① 锅中加1500毫升清水烧开，加少许鲜露。

② 倒入已洗净的猪肚。

③ 加入生抽、味精、白糖、老抽。

④ 加盖，慢火煮10分钟入味。

⑤ 将煮好的猪肚盛出，晾凉。

⑥ 把猪肚切成丝。

制作指导 ▶ 新鲜的猪肚内含有较多的粘液，需翻转用盐、生粉揉捏擦匀，用清水冲洗，重复数次，彻底将猪肚清洗干净。把洗净的猪肚放入沸水中煮约10分钟至熟，取出晾凉后，改刀切成丝或块即可用于烹制。

⑦ 将猪肚丝盛入碗中，加入红椒丝、蒜末。

⑧ 加入盐、鸡粉、辣椒油，拌匀。

⑨ 加少许芝麻油。

⑩ 将材料用筷子拌匀。

⑪ 将拌好的猪肚丝盛入盘中即成。

蒜泥腰花

⏱ **制作时间**
12分钟

材料 猪腰300克，蒜末、葱花各少许

调料 盐3克，味精1克，芝麻油、生抽、白醋、料酒各适量

食材处理

1 将洗净的猪腰对半切开，切去筋膜。

2 将猪腰切麦穗花刀，再切片。

3 将切好的腰花放入清水中，加白醋洗净。

4 腰花装入碗中，加料酒、盐、味精拌匀腌渍10分钟。

5 锅中加清水，烧开，倒入腰花。

6 加入适量料酒去除腰花腥味，再煮约1分钟至熟，捞出沥水。

做法

1 腰花盛入碗中，加蒜末、盐、味精。

2 加入少许芝麻油拌匀。

3 加入生抽、葱花，搅拌均匀。

4 将拌好的腰花摆入盘中。

5 浇上碗底的味汁即可。

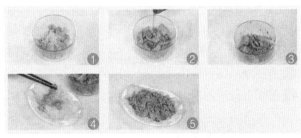

制作指导 清洗猪腰时，可以看到白色纤维膜内有一个浅褐色腺体，那就是肾上腺。它富含皮质激素和髓质激素，烹饪前必须清除。

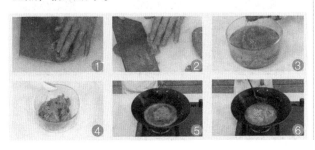

酱烧猪舌根

⏰ **制作时间** **13分钟**

材料 熟猪舌根300克，蒜苗段、姜片、干辣椒各少许

调料 盐2克，味精、白糖、料酒、柱候酱、蚝油各适量

食材处理

① 将洗净的猪舌根切片。

② 将切好的猪舌根装入盘中备用。

制作指导 猪舌下锅炒制的时间不宜太长，应急火快炒，以保证猪舌鲜嫩的特点。

做法

① 热锅注油，入姜片、蒜苗梗和洗好的干辣椒，爆香。

② 倒入猪舌根。

③ 加入料酒拌炒片刻。

④ 加入柱候酱、蚝油。

⑤ 拌炒均匀。

⑥ 倒入蒜苗叶，拌炒均匀。

⑦ 加入盐、味精、白糖。

⑧ 快速炒匀使其入味。

⑨ 盛出装盘即可。

白菜炒猪肺

⏱️ 制作时间 **20分钟**

材料 大白菜250克，猪肺200克，红椒片、蒜末、姜片、葱白各少许

调料 盐、味精、白糖、料酒、鸡粉、水淀粉、豆瓣酱、老抽各适量

食材处理

① 将洗好的白菜切成段。

② 把洗净的猪肺切成块。

③ 锅中倒入清水烧开，加食用油和盐。

④ 倒入白菜。

⑤ 煮沸后捞出。

⑥ 倒入猪肺，加入少许料酒，煮约5分钟至熟捞出。

制作指导 清洗猪肺时，可将猪肺气管对着水龙头灌水，待猪肺膨胀后用手使劲挤，将灌进去的水通过小气管挤出来，重复几次至猪肺发白，则表明猪肺中的血水已彻底冲洗干净。

做法

① 炒锅热油，倒入白菜，加料酒、盐、味精、鸡粉炒匀。

② 倒入水淀粉炒匀，盛出炒好的白菜备用。

③ 另起锅，注油烧热，倒入蒜末、姜片、葱白爆香。

④ 倒入猪肺，加入少许料酒拌炒香，加入盐、味精、白糖、豆瓣酱和老抽调味。

⑤ 加入少许水淀粉，快速拌炒均匀。

⑥ 将炒好的猪肺盛在白菜上即可。

红烧猪肺

⏰ **制作时间 20分钟**

材料 猪肺200克，青椒片、红椒片、蒜苗段、姜片各少许

调料 盐2克，味精、老抽、蚝油、料酒、豆瓣酱、水淀粉各适量

食材处理

① 将洗净的猪肺切片。

② 锅中注水烧开，倒入猪肺。

③ 加盖，焖煮5~6分钟至熟，捞出沥干后备用。

做法

① 热锅注油，倒入蒜苗、豆瓣酱、姜片和青红椒爆香。

② 倒入猪肺。

③ 加入少许料酒炒香。

④ 加入老抽、蚝油、少许盐和味精炒匀，煮片刻至入味。

⑤ 加入适量水淀粉勾芡，淋入熟油拌匀。

⑥ 盛入盘中即成。

制作指导 选购猪肺时应注意，正常的猪肺呈淡红色，表面光滑，用手指轻轻压，感觉柔软有弹性，将它切开后，里面呈淡红色，能喷出气泡。

陈皮牛肉

⏰ 制作时间 **14分钟**

材料 牛肉350克，陈皮20克，蒜苗段50克，红椒片25克，姜片、蒜末、葱白各少许

调料 食用油30毫升，盐3克，味精、食粉、生抽、生粉、蚝油、白糖、料酒、辣椒酱、水淀粉各适量

食材处理

① 将洗净的牛肉切成片。

② 肉片加入盐、味精、食粉、生抽拌匀。

③ 加入少许食用油，腌渍10分钟。

制作指导 由于牛肉是用水淀粉腌渍过的，下锅炒时极易粘锅，可洒适量清水炒散、炒匀。

做法

① 热锅注油，烧至五成热，放入牛肉片拌匀。

② 滑油片刻后捞出备用。

③ 锅留底油，倒入姜片、蒜末、葱白，爆香。

④ 倒入陈皮、红椒、蒜梗，炒香。

⑤ 倒入牛肉片，加入盐、蚝油、味精、白糖。

⑥ 放入料酒、辣椒酱，翻炒约1分钟至入味。

⑦ 加入少许水淀粉勾芡。

⑧ 撒上蒜苗叶，淋入少许熟油炒匀。

⑨ 装好盘食用即可。

平锅牛肉

⏰ 制作时间 **15分钟**

材料 牛肉400克，蒜薹60克，朝天椒25克，大白菜叶30克，姜片、蒜末、葱白各少许

调料 食用油35毫升，盐3克，食粉、生抽、味精、白糖、生粉、料酒、蚝油、辣椒酱、水淀粉各适量

食材处理

① 将洗净的牛肉切片，洗净的蒜薹切粒，洗净的朝天椒切圈。

② 牛肉片加入盐、食粉、生抽、味精、白糖拌匀。

③ 加入生粉拌匀，加入食用油，腌渍10分钟。

④ 锅中注入1500毫升左右清水，烧开，加入少许食用油，倒入白菜叶，拌匀，焯至熟软捞出备用。

⑤ 倒入蒜薹，焯煮片刻捞出。

⑥ 倒入牛肉，拌匀，汆煮片刻捞出。

做法

① 热锅注油，烧至五成热，放入牛肉，滑油至变色捞出。

② 锅底留油，倒入姜片、蒜末、葱白爆香。

③ 倒入牛肉，淋入少许料酒炒香，加入盐、味精、生抽、蚝油翻炒，炒至入味。

④ 加入辣椒酱炒至入味，加入少许水淀粉和熟油炒匀。

⑤ 将大白菜铺在抹有食用油的平锅底上。

⑥ 将炒好的牛肉盛入平锅里。

⑦ 撒上剩余的朝天椒圈和蒜薹。

⑧ 置于旺火上烧热。

⑨ 取下后食用即可。

制作指导 牛肉的纤维组织较粗，结缔组织较多，应横切，将长纤维切断，这样既易入味，还易嚼烂。

小米椒剁牛肉

制作时间 **13分钟**

制作指导 烹制牛肉忌加碱，当加入碱时，牛肉所含的氨基酸就会与碱发生反应，使蛋白质因沉淀变性而失去营养价值。牛肉不易熟烂，烹饪时放少许山楂、橘皮或茶叶有利于熟烂。

材料 牛肉300克，黄瓜150克，朝天椒20克，姜片、蒜末、葱白各少许

调料 盐3克，味精1克，辣椒酱20克，蚝油4克，料酒15毫升，生抽、鸡粉、芝麻油、水淀粉、食用油各适量

食材处理

① 把去皮洗净的黄瓜切成丁。

② 洗净的朝天椒切圈。

③ 洗净的牛肉切成丁，装入碗中备用。

④ 加入少许盐、味精、生抽，拌匀。

⑤ 加少许水淀粉、食用油拌匀腌渍10分钟。

⑥ 油锅烧至五成热，倒入牛肉丁，滑油至转色捞出。

做法

① 锅留底油，放入姜片、蒜末、葱白、朝天椒炒香。

② 倒入黄瓜翻炒匀。

③ 倒入滑油后的牛肉丁。

④ 加料酒、盐、味精、蚝油、鸡粉炒匀。

⑤ 加辣椒酱炒匀。

⑥ 加少许水淀粉勾芡。

⑦ 淋少许芝麻油。

⑧ 翻炒片刻。

⑨ 盛出装盘即可。

牙签牛肉

⏰ 制作时间 **12分钟**

材料 牛肉200克，牙签适量，干辣椒15克，花椒5克，葱15克，生姜块30克

调料 盐、味精、豆瓣酱、料酒、水淀粉、花椒粉、孜然粉、白芝麻各适量

食材处理

① 牛肉洗净切薄片。

② 生姜去皮洗净切末。

③ 葱取部分切葱花，剩下的和生姜、料酒制成葱姜酒汁。

④ 葱姜酒汁倒在牛肉上，加盐、味精、水淀粉拌匀腌渍。

⑤ 用竹签将牛肉串成波浪形，装入盘中备用。

⑥ 热锅注油，烧至六成热，倒入牛肉，炸约1分钟至熟，捞出。

做法

① 锅留底油，倒入花椒。

② 放入干辣椒炒出辣味，再放入姜末煸香。

③ 加入少许豆瓣酱拌匀，倒入炸好的牛肉。

④ 撒入孜然粉、花椒粉。

⑤ 将牛肉翻炒均匀。

⑥ 出锅装入盘中，撒上白芝麻、葱花即可。

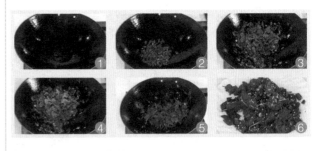

制作指导 牛肉横纹切，可将长纤维切断，烹饪出来的牛肉味道鲜美，口感嫩滑。

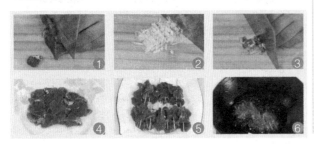

芹菜泡椒牛肉

⏰ 制作时间 15分钟

材料 芹菜100克，泡椒60克，牛肉20克，红椒丝、姜丝各少许

调料 食粉、生抽、盐、味精、水淀粉、辣椒酱、料酒各适量

食材处理

① 将洗净的牛肉切成丝。

② 洗好的芹菜均匀切段。

③ 泡椒对半切开。

④ 牛肉加食粉、生抽、盐、味精、水淀粉、油拌匀腌渍。

⑤ 锅中注入清水烧开。

⑥ 倒入牛肉氽至断生捞出。

做法

① 热锅注油，烧至四成热。

② 倒入牛肉，滑油至熟捞出。

③ 锅留底油，倒入红椒丝、姜丝炒香。

④ 加入芹菜、泡椒炒匀。

⑤ 倒入牛肉，加料酒炒香。

⑥ 加辣椒酱、盐、味精翻炒入味。

⑦ 用水淀粉勾芡。

⑧ 淋入熟油拌炒均匀。

⑨ 盛出装入盘中即可。

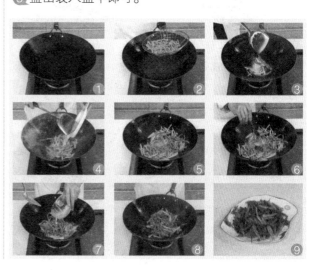

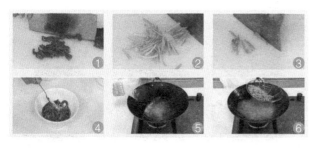

制作指导 牛肉烹饪前，可用冷水浸泡两小时，这样既能去除牛肉中的血水，也可去除腥味。

黑椒牛仔粒

制作时间
17分钟

材料 牛肉300克，姜片、蒜末、葱段、黑胡椒、红椒片、青椒片、洋葱片各少许

调料 生抽、盐、味精、食粉、番茄汁、白糖、蚝油、老抽、水淀粉、胡椒粉各适量

食材处理

① 将洗净的牛肉切成粒，装入碗中备用。

② 加生抽、盐、味精、食粉、水淀粉、油腌渍。

③ 锅中加水烧开，入牛肉氽至断生，捞出。

做法

① 热锅注油，烧至四成热。

② 倒入牛肉粒，滑油至熟捞出。

③ 锅留底油，入蒜末、姜片、胡椒粉、葱、青红椒、洋葱。

④ 倒入牛肉粒，再加入料酒炒香。

⑤ 放入番茄汁、盐、味精、白糖翻炒入味。

⑥ 加蚝油、老抽上色。

⑦ 用水淀粉勾芡。

⑧ 盛出即成。

制作指导 牛肉在滑油时应注意火候，若火候过大会使炸出来的牛肉太老，影响口感。

泡椒牛肉丸花 ⏰ 制作时间 13分钟

材料 牛肉丸200克，泡椒100克，姜片、葱段各10克

调料 盐2克，味精、料酒、水淀粉、芝麻油、食用油各适量

食材处理

① 将洗好的牛肉丸切上十字花刀。
② 锅中注入食用油烧热，倒入牛肉丸。
③ 滑油片刻后捞出牛肉丸。

制作指导 将泡椒对半切开再烹饪，炒出的菜肴会更入味。另外，将牛肉丸切上十字花刀，不仅外形美观，口感也会更好。

做法

① 锅留底油，倒入姜片、葱段炒香。
② 放入牛肉丸拌炒匀。
③ 倒入泡椒，拌炒1分钟至牛肉丸熟透。
④ 加入盐、味精和料酒调味。
⑤ 加少许水淀粉勾芡。
⑥ 再加入芝麻油。
⑦ 快速翻炒均匀。
⑧ 起锅，将做好的泡椒牛肉丸花盛入盘中即成。

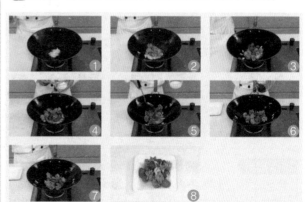

金汤肥牛

⏰ 制作时间 **13分钟**

材料 熟南瓜300克，肥牛卷200克，朝天椒圈少许

调料 盐、味精、鸡粉、水淀粉、料酒各适量

食材处理

① 熟南瓜装入碗内，加少许清水，将南瓜压烂拌匀。

② 滤出南瓜汁备用。

③ 锅中加清水烧开，倒入肥牛卷拌匀，煮沸后捞出。

做法

① 起油锅，倒入肥牛卷，加入料酒炒香。

② 倒入南瓜汁。

③ 加盐、味精、鸡粉调味。

④ 加入水淀粉勾芡，淋入熟油拌匀。

⑤ 烧煮约1分钟至入味。

⑥ 盛出装盘，用朝天椒点缀即可。

制作指导 倒入牛肉卷煮时应注意火候，不要将其煮得过熟，太熟牛肉会变老，影响口感。

姜丝爆牛心

⏰ 制作时间 **13分钟**

材料 牛心250克，生姜30克，青椒、红椒各10克，蒜末少许

调料 盐3克，白糖1克、味精、蚝油、生抽、料酒、生粉、水淀粉、食用油各适量

食材处理

① 把去皮洗净的生姜切薄片，再切成丝。
② 洗净的红椒切段，切成丝。
③ 青椒切开，切成丝。
④ 洗净的牛心切成片。
⑤ 把切好的牛心盛入碗中，加少许料酒、盐、味精、生抽，拌匀。
⑥ 加少许生粉，拌匀，腌渍10分钟。
⑦ 锅中加适量清水烧开，倒入腌渍好的牛心，搅散。
⑧ 汆至转色，捞出备用。

做法

① 用油起锅，放入姜丝爆香。
② 倒入牛心，翻炒匀。
③ 淋入少许料酒，炒香。
④ 加入红椒丝、青椒丝。
⑤ 加盐、味精、白糖、蚝油、生抽，炒匀调味。
⑥ 加少许水淀粉勾芡。
⑦ 翻炒片刻至入味。
⑧ 盛出装盘即成。

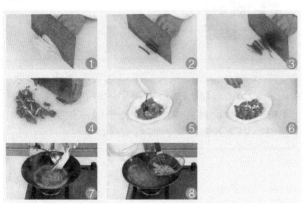

制作指导 使用好的原材料，是制作出一道美味佳肴的关键一步。制作这道菜所需要的牛心，以心肌为红或淡红色，脂肪为乳白色或微带红色，心肌结实而有弹性，且无异味为佳。

青椒炒牛心

⏰ 制作时间 **13分钟**

材料 牛心200克,青椒45克,红椒15克,姜片、蒜末、葱白各少许

调料 盐3克,味精1克,生粉2克,蚝油4克,辣椒酱20克,生抽、料酒、水淀粉、食用油各适量

食材处理

① 将洗净的青椒对半切开,去籽,切成块。

② 红椒切开,去籽,切成块。

③ 洗净的牛心切成片。

④ 切好的牛心加少许盐、味精、生抽,拌匀。

⑤ 加少许生粉,拌匀,腌渍10分钟。

⑥ 锅中加1000毫升清水烧开,加少许食用油,倒入青椒、红椒,拌匀。

⑦ 水煮沸后,把青椒、红椒捞出备用。

⑧ 倒入切好的牛心。

⑨ 汆至转色,即可捞出。

做法

① 用油起锅,倒入姜片、蒜末、葱白爆香。

② 倒入牛心翻炒匀。

③ 淋入少许料酒,炒香。

④ 倒入焯水后的青椒、红椒。

⑤ 加盐、味精、生抽、蚝油、辣椒酱,炒匀调味。

⑥ 加少许水淀粉勾芡。

⑦ 在锅中继续翻炒片刻,盛出装盘即成。

制作指导 牛心外形硕大,可以先将其剖开,去除淤血,切去筋络,然后再用于炒制,这样炒出来的牛心更加滑嫩爽口。此外,牛心以炒至八成熟为佳,避免炒制过火,而影响到口感。

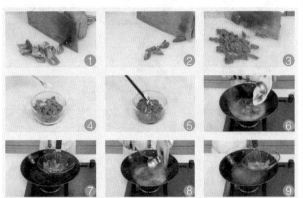

卤水牛心

⏰ 制作时间 **60分钟**

材料 牛心150克，姜、葱各20克，草果、桂皮、干辣椒段、沙姜、丁香、花椒各适量

调料 盐、料酒、鸡粉、味精、白糖、老抽、生抽、糖色、卤水各适量

食材处理

① 锅注水，加料酒。

② 烧热后下牛心氽烫片刻，捞去浮沫。

③ 捞出牛心洗净备用。

制作指导▶ 新鲜的牛心，心肌为红或淡红色，脂肪为乳白色或微带红色，心肌结实，无异味。变质的牛心，心肌为红褐色，脂肪微绿，无弹性，组织松软，有异味。

做法

① 油锅烧热，入姜、葱、草果、桂皮、干辣椒、沙姜、丁香。

② 放入花椒，加入少许料酒，倒入适量清水。

③ 加入盐、鸡粉、味精、白糖、老抽、生抽，加入糖色烧开。

④ 放入牛心，加盖中火卤制40分钟至入味。

⑤ 捞出牛心，放凉，将牛心切成片，装入盘中，加入少许卤水。

⑥ 用筷子拌匀，摆入另一个盘中即可。

姜葱炒牛肚

⏱ 制作时间 **12分钟**

材料 熟牛肚150克，葱40克，姜45克，红椒片、蒜末各少许

调料 盐、味精、蚝油、水淀粉各适量

食材处理

① 将去皮洗净后的生姜切成薄片。

② 洗净的葱切段。

③ 牛肚切斜刀片。

④ 热水锅中倒入切好的牛肚，加少许食盐煮沸。

⑤ 用漏勺捞出。

制作指导 牛肚与姜、葱是很好的搭配，姜、葱不仅能在一定程度上缩短烹煮时间，还可去除牛肚的异味。

做法

① 用油起锅，倒入蒜末爆香。

② 加姜片、葱白，放入牛肚炒香。

③ 加料酒炒入味，倒入红椒。

④ 加盐、味精、蚝油炒入味。

⑤ 倒入葱叶炒匀。

⑥ 加水淀粉勾芡，盛入盘中即可。

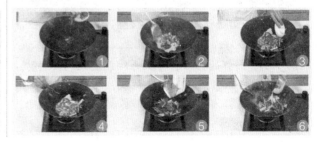

小炒鲜牛肚

⏰ 制作时间
15分钟

材料 熟牛肚200克，蒜薹80克，蒜末、姜片、红椒丝各少许

调料 盐、味精、辣椒酱、水淀粉各适量

食材处理

① 蒜薹洗净切段。

② 牛肚洗净切丝。

做法

① 锅置旺火上，注油烧热。

② 倒入蒜末、姜片煸香。

③ 倒入切好的牛肚，拌炒片刻。

④ 倒入蒜薹，翻炒约3分钟至熟。

⑤ 加入辣椒酱、盐、味精。

⑥ 放入红椒丝，翻炒均匀。

⑦ 倒入少许水淀粉，拌炒均匀，盛入盘内即成。

制作指导 牛肚很难煮烂，烹制前，可先将牛肚放入热水锅中，加葱姜料酒煮熟，这样既能缩短烹制的时间，还可去除牛肚的异味。

红油牛百叶

⏰ 制作时间 **15分钟**

材料 牛百叶350克，香菜25克，大蒜、红椒各少许
调料 盐、味精、陈醋、芝麻油各适量

食材处理

① 大蒜剁成蒜蓉。
② 香菜洗净切碎。
③ 红椒洗净，切丝。

制作指导 烹煮牛百叶时，以水温80℃入锅最合适，烹煮时间不宜过长，否则牛百叶会越煮越老。

做法

① 锅中倒入适量清水，加少许食用油烧开。
② 加适量盐，倒入牛百叶拌匀。
③ 汆1分钟至熟。
④ 捞出装入碗内。
⑤ 将大蒜、红椒丝、香菜倒入碗中。
⑥ 加辣椒油、味精搅拌匀。
⑦ 倒入少许陈醋、芝麻油。
⑧ 拌匀即成。

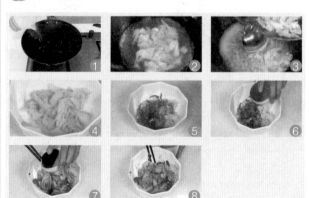

蒜味牛蹄筋

⏰ 制作时间 **12分钟**

材料 熟牛筋300克，蒜末10克，葱花、红椒末各少许

调料 盐、味精、蒜油、生抽各适量

食材处理

① 熟牛筋切成块。

② 放入碗中。

做法

① 加入少许盐、味精。

② 放入准备好的蒜末、葱花、红椒末。

③ 倒入适量的蒜油。

④ 充分拌匀。

⑤ 加入生抽，拌匀提味，装盘即成。

制作指导 牛筋用香料包煮至熟透后过凉水，不仅能去掉牛筋的腥味，而且也能增加牛筋的紧实口感。也可以将洗净的牛筋腌渍后蒸熟，这样烹饪出的牛筋口感会松软一些。

红油羊肉

⏱ 制作时间
122分钟

材料 羊肉400克，红油适量，蒜末、葱花、姜片、葱条、八角、桂皮各适量

调料 盐、芝麻油、料酒、花椒油各适量

食材处理

① 锅中加入适量清水，放入姜片、葱条、八角、桂皮、蒜末。

② 烧开后加入料酒、盐。

③ 放入羊肉烧开。

④ 加盖，转小火煮1小时至羊肉入味。

⑤ 取出羊肉，待凉后放入冰箱冷冻1小时。

⑥ 取出冻好的羊肉，切成薄片，摆入盘内。

做法

① 取适量红油，加入蒜末。

② 再倒入葱花。

③ 加入盐，淋入少许芝麻油和花椒油。

④ 用筷子拌匀，制成红油汁。

⑤ 将红油汁浇在羊肉片上即成。

制作指导 羊肉切片时，切得薄一些更易入味。

双椒爆羊肉

⏱️ 制作时间
13分钟

材料 羊肉350克，青椒25克，红椒15克，蒜苗段20克，姜片、葱白各少许

调料 盐3克，味精1克，白糖、生抽、辣椒酱、生粉、食用油各适量

食材处理

① 洗好的青椒对半切开，去籽，切成片。

② 洗净的红椒对半切开，去籽，切成片。

③ 洗好的羊肉切成片。

④ 将切好的羊肉片装入碗中，加入少许生抽、盐、味精拌匀。

⑤ 加入生粉拌匀，倒入少许食用油，腌渍10分钟至入味。

⑥ 锅中注油，烧至五成热，放入羊肉，用锅铲搅散，滑油约1分钟至变色，捞出备用。

制作指导 ▶ 烹饪此菜时，可先将羊肉切块，然后放入水中，加少许米醋，待煮沸后捞出羊肉，再继续烹调，可去除羊肉膻味。

做法

① 锅留底油，倒入姜片、葱白爆香。

② 倒入蒜苗梗、青椒、红椒炒匀。

③ 倒入滑好油的羊肉。

④ 翻炒1分钟至熟透。

⑤ 加入盐、味精、白糖、生抽。

⑥ 倒入辣椒酱，翻炒均匀，使羊肉入味。

⑦ 倒入蒜苗，拌炒均匀。

⑧ 加入少许水淀粉勾芡。

⑨ 盛出装盘即可。

干锅烧羊柳

⏱制作时间 **13分钟**

材料 羊柳180克，洋葱200克，青椒50克，红椒35克，蒜苗段35克，姜片、蒜末、干辣椒各少许

调料 盐、味精、料酒、白糖、水淀粉各适量

食材处理

① 将洗净的洋葱切成丝；洗好的青椒去除籽，切成丝；红椒去籽后也切成丝。

② 洗净的羊柳切成片儿，用刀背将羊柳捶松，切成肉丝。

③ 将切好的肉丝装入盘中，加入适量的盐、味精。

④ 淋入少许料酒抓匀，倒入少许水淀粉，抓匀。

⑤ 淋入适量食用油，腌渍5~6分钟入味。

⑥ 锅中注油烧至五成热，倒入肉丝。滑油1分钟至熟捞出备用。

制作指导 炒制前，先将洋葱裹上适量的水淀粉，可以保持其清脆、香甜的口感。

做法

① 锅留底油，放入姜片、蒜末、洗好的干辣椒炒香。

② 倒入洋葱、青椒、红椒炒匀。

③ 将肉丝倒入锅中。

④ 淋入少许料酒炒匀。

⑤ 注入适量清水，煮约1分钟。

⑥ 调入味精、盐、白糖炒匀。

⑦ 加适量水淀粉勾芡。

⑧ 倒入切好的蒜苗段，翻炒至汤汁收干。

⑨ 盛入干锅即成。

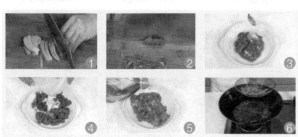

辣子羊排

⏰ 制作时间 **16分钟**

材料 卤羊排500克，朝天椒末40克，熟白芝麻3克，姜片、葱段各10克，花椒15克

调料 盐、味精、生抽、生粉、料酒、辣椒油、花椒油各适量

食材处理

1. 卤羊排斩块。
2. 切好的羊排放入碗中。
3. 碗中加少许生抽、生粉。
4. 抓匀后腌制10分钟入味。
5. 热锅注油，入羊排炸1~2分钟至表皮金黄色。
6. 捞出装盘。

制作指导 炸羊排时，油温要控制在四至六成热，小火炸制，否则羊排表面容易炸得过老甚至焦糊；腌制羊肉时，还可加入适量盐、姜、蒜、料酒一起腌制10~15分钟，使其完全入味且腥味去除后再烹饪，羊肉的口感更好。

做法

1. 锅留底油，倒入葱白、姜片。
2. 再放入花椒、朝天椒爆香。
3. 倒入羊排翻炒约3分钟至熟。
4. 加入盐、味精。
5. 倒入料酒。
6. 淋入辣椒油、花椒油炒匀。
7. 撒入葱叶炒匀。
8. 盛入盘中。
9. 撒入熟白芝麻即成。

干煸羊肚

⏱ 制作时间 **14分钟**

材料 熟羊肚200克，干辣椒20克，花椒5克，生姜片、葱段各少许

调料 盐、味精、料酒、蚝油、豆瓣酱、辣椒油各适量

做法

① 熟羊肚切丝。

② 锅中注油，烧热，倒入姜片、葱白爆香。

③ 倒入洗好的花椒、干辣椒拌炒匀。

④ 倒入豆瓣酱，炒香。

⑤ 倒入切好的熟羊肚翻炒片刻。

⑥ 加入盐、味精、料酒、蚝油炒1分钟入味。

⑦ 撒入葱叶，拌炒均匀。

制作指导 羊肚不易熟，可先放入高压锅中煲熟软，这样会大大地缩短制作时间。

⑧ 淋入少许辣椒油拌匀。

⑨ 出锅盛入盘中即成。

▌香辣狗肉煲

⏰ **制作时间 36分钟**

材料 狗肉300克，八角、桂皮、干辣椒、青椒片、红椒片、蒜苗段、姜片、蒜末各少许

调料 盐、味精、蚝油、水淀粉、辣椒油、料酒、豆瓣酱各适量

做法

①起油锅，倒入处理干净的狗肉翻炒干水分。

②放入洗好的八角、桂皮、干辣椒、姜片和蒜末，炒出香味。

③加豆瓣酱拌匀，淋入少许料酒拌匀。

④倒入适量清水、辣椒油拌匀。

⑤加盖慢火焖30分钟。

⑥待肉熟烂，大火收汁，调入盐、味精、蚝油。

⑦倒入切好备用的青、红椒片，加入准备好的水淀粉勾芡。

制作指导 狗肉腥味较重，将狗肉用料酒、姜片反复揉搓，再将料酒用水稀释，浸泡狗肉1～2小时，用清水冲净，入热油锅微炸后再烹调，可有效去除狗肉的腥味。

⑧撒入蒜苗段拌匀，翻炒匀至入味。

⑨转至煲仔，中火烧开即成。

禽蛋类

◆鸡肉、鸭肉等禽蛋类食物中含有丰富的蛋白质、铁、钙等营养物质，是人体营养物质的食物源，也是国人的最主要的动物性食品。试用本章中的烹饪方法来做出既有营养，又味道鲜美的菜肴吧！

辣子鸡丁

制作时间 **14分钟**

制作指导 鸡丁不可炸太久，以免炸焦，影响成品外观和口感。

材料 鸡胸肉300克，干辣椒2克，蒜头、生姜块少许

调料 盐5克，味精5克，鸡精3克，鸡粉6克，料酒3毫升，生粉、辣椒油、花椒油、食用油各适量

食材处理

①洗净的鸡胸肉切成丁，将其装入碗中。

②加入少许盐、味精、鸡精、料酒拌匀，加生粉拌匀，腌10分钟入味。

③热锅注油，烧至六成熟，倒入鸡丁，搅散，炸至金黄色捞出。

做法

①另起锅，注油烧热，倒入姜片、蒜头炒香。

②倒干辣椒拌炒片刻。

③倒入鸡丁炒匀。

④加入盐、味精、鸡粉炒匀调味。

⑤加入少许辣椒油、花椒油炒匀至入味。

⑥盛出装盘即可。

宫保鸡丁

⏱ 制作时间 **14分钟**

材料 鸡胸肉300克，黄瓜800克，花生50克，干辣椒7克，蒜头10克，姜片少许

调料 盐5克，味精2克，鸡粉3克，料酒3毫升，生粉、食用油、辣椒油、芝麻油各适量

食材处理

① 洗净的鸡胸肉切1厘米厚片，切条，切成丁。

② 洗净的黄瓜切1厘米厚片，切条，切成丁。

③ 洗净的蒜头切成丁。

④ 鸡丁加少许盐，加味精、料酒拌匀，加生粉拌匀，加少许食用油拌匀，腌渍10分钟。

⑤ 锅中加约600毫升清水烧开，倒入花生，煮约1分钟。

⑥ 将煮好的花生捞出，沥干水分。

制作指导 花生米不可煮太久，以免影响其酥脆感，也不可炸太久，以免过老，影响其口感。

做法

① 热锅注油，烧至六成熟，倒入煮好的花生，炸约2分钟至熟透，将炸好的花生捞出。

② 放入鸡丁，搅散，炸至转色即可捞出。

③ 用油起锅，倒大蒜、姜片爆香，倒入干辣椒炒香。

④ 倒入黄瓜炒匀。

⑤ 加入盐、味精、鸡粉炒匀。

⑥ 倒入鸡丁炒匀。

⑦ 加少许辣椒油。

⑧ 加入适量芝麻油炒匀，继续翻炒片刻。

⑨ 盛出装盘，倒入炸好的花生米即可。

芽菜碎米鸡

⏰ 制作时间 **15分钟**

材料 鸡胸肉150克，芽菜150克，生姜末、葱末、辣椒末各少许

调料 盐、葱姜酒汁、水淀粉、味精、白糖各适量

食材处理

1. 把洗净的鸡胸肉切丁。
2. 盛入碗中。
3. 加入适量的盐、葱姜酒汁。
4. 倒入少许水淀粉拌匀。
5. 锅中倒入少许清水烧开，倒入切好的芽菜焯熟。
6. 捞出备用。

做法

1. 热锅注油，倒入鸡丁翻炒约3分钟至熟。
2. 放入姜末、辣椒末、葱末。
3. 倒入芽菜翻炒均匀。
4. 加味精、白糖调味。
5. 撒入葱末拌匀。
6. 盛出装盘即成。

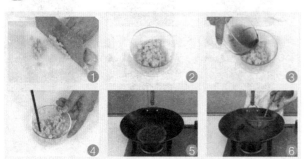

制作指导 鸡肉丁在烹饪前，加入适量葱姜酒汁、水淀粉腌渍片刻，不仅能去掉鸡肉的腥味，还可使鸡肉肉质变嫩，口感更佳。

板栗烧鸡

⏰ 制作时间 **18分钟**

材料 鸡肉200克，板栗80克，鲜香菇20克，蒜末、姜片、葱段、蒜苗段各少许

调料 老抽、盐、味精、白糖、生抽、水淀粉、料酒、生粉各适量

食材处理

① 将洗净的鸡肉斩块。

② 鸡肉装入碗中，加料酒、生抽、盐拌匀，再撒上生粉裹匀。

③ 处理好的板栗对半切开。

④ 洗净的鲜香菇切成丝。

⑤ 热锅注油，烧至五成热，倒入板栗，滑油片刻后捞出板栗。

⑥ 倒入鸡肉块，滑油约3分钟至熟，捞出备用。

做法

① 锅留底油，放入葱段、姜片、蒜末。

② 倒入香菇、鸡肉，再加入料酒、老抽，翻炒匀。加入少许老抽，炒匀。

③ 倒入板栗，加入少许清水。

④ 煮沸后再煮3~4分钟至板栗熟透，加盐、味精、白糖、生抽，炒匀调味。

⑤ 加入少许水淀粉勾芡。

⑥ 撒入蒜苗段炒匀，盛入干锅即成。

制作指导 板栗不易煮熟，宜多煮一段时间，避免因不熟而影响口感。

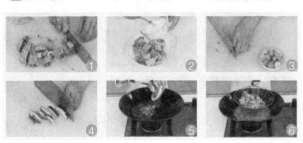

49

泡椒三黄鸡

⏰ 制作时间 **14分钟**

材料 三黄鸡300克，灯笼泡椒20克，莴笋100克，姜片、蒜末、葱白各少许

调料 盐6克，鸡粉4克，味精1克，生抽5毫升，生粉、料酒、食用油各适量

食材处理

① 洗净的莴笋滚刀切成块。

② 洗净的鸡肉斩成块，装入碗中。

③ 加入少许鸡粉、盐、生抽、料酒拌匀。

④ 加入少许生粉拌匀，腌渍10分钟入味。

⑤ 热锅注油，烧至五成热，倒入鸡块。

⑥ 滑油至转色捞出备用。

做法

① 锅底留油，倒入姜片、蒜末、葱白爆香。

② 倒入莴笋、灯笼泡椒拌炒片刻。

③ 倒入滑好油的鸡块，淋入少许料酒炒匀。

④ 加入约100毫升清水。

⑤ 加入盐、味精、生抽、鸡粉拌炒匀。

⑥ 加盖，小火焖2分钟至熟透。

⑦ 揭盖，加入少许水淀粉勾芡。

⑧ 大火收干汁。

⑨ 盛入盘中即可。

制作指导 炒制鸡块时加少许红油，味道更鲜香。

干锅土鸡

⏰ **制作时间 16分钟**

材料 光鸡750克，干辣椒10克，花椒、姜片、葱段各少许

调料 盐3克，味精、蚝油、豆瓣酱、辣椒酱、料酒、食用油各适量

制作指导 烹制此菜肴时，切勿急于放入姜片、花椒等调料，一定要先将鸡肉的油炒出来再放入，否则，炒出的菜肴不够香，吃起来会很腻。

做法

① 将洗好的光鸡斩块。

② 锅中注油，烧热，倒入鸡块，翻炒出油。

③ 倒入姜片、葱段和洗好的花椒与干辣椒。

④ 翻炒均匀。

⑤ 加豆瓣酱炒匀。

⑥ 加辣椒酱翻炒。

⑦ 倒入料酒和少许清水拌匀。

⑧ 加盖，中火焖煮2分钟至入味。

⑨ 揭盖，加入盐、味精。

⑩ 淋入蚝油炒匀。

⑪ 盛入干锅内，撒入剩余葱段即成。

白果炖鸡

⏱ **制作时间** **125分钟**

材料 光鸡1只，猪骨头450克，猪瘦肉100克，白果120克，葱、香菜各15克，姜20克，枸杞10克

调料 盐4克，胡椒粉少许

制作指导 白果去掉硬壳后用开水烫一下有助剥去软皮；将新鲜朝天椒剁碎，再加入酱油浸少许时间，用来蘸食鸡肉味道更鲜；鸡肉汆水时，加入适量料酒、醋和姜蒜同煮，不仅能去掉鸡肉的腥味，还可使鸡肉肉质变嫩。

做法

① 沙煲置旺火上，加适量水，放入姜、葱。

② 再倒入猪骨头、鸡肉、瘦肉和白果。

③ 加盖，烧开后转小火煲2小时。

④ 揭盖，调入盐、胡椒粉，再倒入枸杞点缀。

⑤ 挑去葱、姜。

⑥ 撒入香菜即可。

食材处理

① 瘦肉洗净，切块；姜拍扁。

② 锅中注水，放入猪骨头、鸡肉和瘦肉，大火煮开。

③ 捞起装盘。

红烧鸡翅

⏰ 制作时间 **15分钟**

材料 鸡翅150克，土豆200克，姜片、葱段、干辣椒各适量

调料 盐4克，白糖2克，料酒、蚝油、糖色、豆瓣酱、辣椒油、花椒油、食用油各适量

食材处理

① 在洗净的鸡翅上打上花刀。

② 将去皮洗净的土豆切块。

③ 鸡翅加盐、料酒、糖色抓匀，腌渍片刻。

④ 热锅注油，烧至五成热，倒入鸡翅。

⑤ 略炸后捞出沥油。

⑥ 倒入土豆块，炸熟后捞出沥油。

做法

① 锅底留油，放入干辣椒、姜片、葱段炒香，倒入豆瓣酱炒匀。

② 加少许清水，放入鸡翅、土豆炒匀，加盖，焖煮约1分钟至熟。

③ 揭盖，放入盐、白糖煮片刻，加入蚝油炒匀。

④ 用水淀粉勾芡。

⑤ 淋入辣椒油，加入少许花椒油炒匀。

⑥ 撒上葱段炒匀，盛出装盘即可。

制作指导 鸡翅中的水一定要沥干，否则在炸时会溅油。另外，炸鸡翅时要控制好火候，以免炸焦。

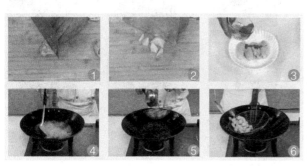

泡椒鸡胗

⏰ 制作时间 **14分钟**

材料 鸡胗200克，泡椒50克，红椒圈、姜片、蒜末、葱白各少许

调料 盐3克，味精3克，蚝油3克，老抽、水淀粉、料酒、生粉各适量

食材处理

1. 将泡椒切成段。
2. 鸡胗加盐、味精、料酒、生粉拌匀，腌渍10分钟。
3. 锅中加清水烧开，倒入切好的鸡胗。
4. 氽水片刻至断生捞出备用。
5. 油锅烧至四成热，倒入鸡胗，滑油片刻捞出。

做法

1. 锅底留油，入姜片、蒜末、葱白、红椒圈爆香。
2. 倒入切好的泡椒。
3. 加入鸡胗炒约2分钟至熟透。
4. 加入盐、味精、蚝油炒匀调味。
5. 加少许老抽炒匀上色。
6. 加水淀粉勾芡。
7. 淋入少许熟油炒匀。
8. 盛出装盘即可。

制作指导 因为鸡胗氽过水，所以不要炒太长时间，入味即可。

尖椒炒鸡肝

制作时间 **13分钟**

材料 鸡肝300克,青椒50克,红椒20克,姜片、蒜末、葱白各少许

调料 食用油30毫升,盐3克,味精、料酒、蚝油、豆瓣酱、水淀粉各适量

食材处理

① 洗净的青椒切成块;洗净的红椒切成块。

② 洗净的鸡肝切成片,鸡肝加入少许盐、味精、料酒拌匀,腌制10分钟。

③ 锅中注入约1000毫升清水烧开,加入少许食用油。

④ 倒入青椒、红椒拌匀,煮沸后捞出备用。

⑤ 倒入鸡肝拌匀。

⑥ 焯至转色即可捞出。

制作指导 鸡肝烹调时间不能太短,应该炒至肝完全变成灰褐色,看不到血丝才好。

做法

① 锅置旺火,注油烧热,倒入姜片、蒜末、葱白爆香。

② 倒入鸡肝炒约1分钟。

③ 淋入料酒炒香去掉腥味。

④ 倒入青椒、红椒。

⑤ 加入盐、味精、蚝油、豆瓣酱。

⑥ 拌炒至入味。

⑦ 加入少许水淀粉勾芡。

⑧ 淋入少许熟油炒匀。

⑨ 盛入盘内,即可。

山椒鸡胗拌青豆 🕑制作时间 11分钟

材料 鸡胗100克，青豆200克，泡椒30克，红椒15克，姜片、葱白各少许

调料 盐3克，鸡粉1克，鲜露、食用油、芝麻油、辣椒油、料酒各适量

食材处理

① 锅中加水烧开，加少许食用油、盐，倒入洗净的青豆，煮约2分钟至熟，捞出备用。

② 原汤汁加鲜露，倒入鸡胗，加少许料酒，倒入姜片、葱白。

③ 加盖，慢火煮约15分钟，捞出，晾凉。

④ 红椒切开，去籽，切条，切成丁；泡椒切成丁。

⑤ 将煮熟的鸡胗切片，切成小块。

⑥ 取一个干净的大碗，倒入青豆、鸡胗、泡椒、红椒。

做法

① 加适量盐、鸡粉调味。

② 淋入辣椒油、芝麻油，拌匀。

③ 将拌好的材料盛入盘中即可。

制作指导 清洗青豆时，千万不要把青豆蒂摘掉，以免农药渗入果实，造成污染。青豆不宜煮太久，以免影响其鲜嫩口感。

▍辣炒鸭丁

⏰ 制作时间
15分钟

材料 鸭肉350克，朝天椒25克，干辣椒10克，姜片、葱段各少许

调料 盐、白酒、味精、蚝油、水淀粉、辣椒酱、辣椒油各适量

食材处理

① 鸭肉洗净斩丁。

② 朝天椒切圈。

做法

① 用油起锅，倒入鸭丁炒香。

② 加料酒、盐、味精、蚝油，翻炒约2分钟至熟。

③ 倒入少许清水，加辣椒酱炒匀。

④ 再倒入姜片、葱白、朝天椒、干辣椒炒香。

⑤ 加水淀粉勾芡，淋入少许辣椒油，翻炒匀。

⑥ 装盘即可。

制作指导 腌制鸭肉时，加入少许白酒，更易去除腥味。

风味鸭血

⏰ 制作时间 **16分钟**

材料 鸭血100克，干辣椒5克，沙茶酱15克，青、红椒片各10克，葱花、姜片各少许

调料 盐、味精、鸡粉、水淀粉、辣椒油各适量

食材处理

① 鸭血切块。

② 锅中加水，加盐，入鸭血块煮至断生捞出。

做法

① 热锅注油，倒入干辣椒、姜片爆香。

② 加入青红椒片和沙茶酱拌炒匀。

③ 倒入少许清水烧开。

④ 淋入少许辣椒油，加盐、味精、鸡粉。

⑤ 倒入鸭血拌匀，煮2~3分钟入味，加水淀粉勾芡。

⑥ 盛出，撒入葱花即成。

制作指导 烹调鸭血时应配有葱、姜、辣椒等佐料，有助于去除异味。

干锅鸭杂

⏰ 制作时间 **22分钟**

材料 净鸭杂300克，青椒50克，红椒20克，姜片15克，蒜末10克，蒜苗段50克，干辣椒段25克

调料 料酒、盐、味精、生粉、辣椒酱、鸡粉、水淀粉各适量

食材处理

①把洗好的青椒切片。

②将红椒切成片。

③将净鸭杂中的鸭肝、鸭心切片，鸭胗切十字花刀。

④切好的鸭杂加入料酒、盐、味精拌匀。

⑤加少许生粉，拌至入味。

做法

①热锅注油，放入蒜末、姜片炒匀。

②倒入干红椒，放入青、红椒，炒香。

③倒入鸭杂。

④淋入料酒，炒匀。

⑤放入辣椒酱，炒匀。

⑥注入少许清水。

⑦加盐、鸡粉、味精，翻炒入味。

⑧用水淀粉勾芡。

⑨放入蒜苗段，翻炒熟至入味，盛在干锅中即成。

制作指导 鸭杂的腥味较重，可将其放入沸水锅中余烫3～4分钟，再用调味料腌渍约5分钟。

泡菜炒鹅肠

⏰ 制作时间
14分钟

材料 鹅肠200克，泡菜80克，干辣椒10克，姜片、蒜苗段各少许

调料 盐、味精、蚝油、料酒、水淀粉、辣椒油各适量

食材处理

① 鹅肠洗净切段。

② 装入盘中备用。

做法

① 用油起锅，放入姜片煸香。

② 倒入鹅肠，翻炒片刻。

③ 加干辣椒炒香。

④ 倒入泡菜，炒约2分钟至鹅肠熟透。

⑤ 加入盐、味精、蚝油、料酒，炒匀调味。

⑥ 加青蒜梗炒匀。

⑦ 加入少许水淀粉勾芡。

⑧ 撒入青蒜叶拌炒匀。

⑨ 淋少许辣椒油，快速拌炒匀，盛入盘中即可。

制作指导 鹅肠虽脆，但略带点韧，若用适量食用碱水腌过，使其略变松软，再进行烹饪，爽脆度会大增，口感更好。清洗鹅肠时，可放入适量盐，有助于将鹅肠清洗干净。

▌豌豆乳鸽

⏰ 制作时间 **12分钟**

材料 鸽肉100克，豌豆150克，姜片、蒜末、青椒片、红椒片、葱白各少许

调料 盐、味精、料酒、生抽、生粉、白糖、水淀粉各适量

制作指导 ▷ 在烹饪此菜时，豌豆不用过早放入锅里翻炒。

食材处理

1. 将洗净的鸽肉斩块，装入碗中。
2. 加盐、味精、料酒、生抽、生粉拌匀腌渍。
3. 热锅注水烧开，加盐、食用油煮沸。
4. 倒入洗好的豌豆，焯熟后捞出备用。
5. 热锅注油，烧至五六成热，倒入乳鸽。
6. 炸熟后捞出。

做法

1. 锅留底油，入姜片、蒜末、青椒片、红椒片、葱白煸香。
2. 放入乳鸽。
3. 加入少许料酒翻炒香。
4. 倒入豌豆。
5. 加少许清水煮沸，加入盐、味精、白糖调味。
6. 加少许水淀粉，拌炒均匀，起锅，盛入盘中即可。

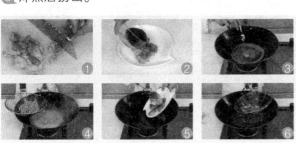

泡椒乳鸽

⏰ 制作时间
15分钟

材料 乳鸽肉180克，青、红泡椒各20克，青、红椒片各30克，生姜片、蒜末、葱白各少许

调料 盐、味精、蚝油、老抽、辣椒酱、水淀粉、生粉、生抽、料酒各适量

食材处理

① 青泡椒切段。

② 将红泡椒对半切开。

③ 洗净的乳鸽斩块，装入碗中备用。

④ 加盐、味精、生抽、料酒拌匀。

⑤ 撒上生粉，淋入食用油拌匀，腌渍10分钟。

做法

① 起油锅，放入生姜片、蒜末、葱白爆香。

② 倒入鸽肉翻炒匀。

③ 倒入少许料酒提鲜。

④ 加清水煮沸，入青、红泡椒，拌匀后煮约3分钟。

⑤ 加盐、味精、蚝油，炒匀调味。

⑥ 倒入青、红椒片，再加入少许老抽、辣椒酱拌匀。

⑦ 用水淀粉勾芡。

⑧ 淋入少许熟油拌匀，出锅盛入盘中即成。

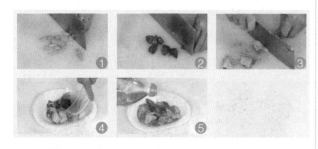

制作指导 鸽肉煮制的时间应够长，才能使鸽肉入味并熟透。

▌辣椒炒鸡蛋

⏱ 制作时间 **12分钟**

材料 青椒50克，鸡蛋2个，红椒圈、蒜末、葱白各少许

调料 食用油30毫升，盐3克，鸡粉3克，水淀粉10克，味精少许

食材处理

① 洗净的青椒切成小块。

② 鸡蛋打入碗中，加入少许盐、鸡粉调匀。

制作指导 在打散的鸡蛋里放入少量清水，待搅拌后放入锅里，炒出的鸡蛋较嫩。

做法

① 热锅注油烧热，倒入蛋液拌匀，翻炒至熟。

② 将炒熟的鸡蛋盛入盘中备用。

③ 用油起锅，倒入蒜、葱、红椒圈炒匀，倒入青椒。

④ 加入盐、味精炒至入味。

⑤ 倒入鸡蛋炒匀。

⑥ 加入水淀粉，快速翻炒匀，盛入盘内即可。

皮蛋拌鸡肉丝

⏰ 制作时间 **12分钟**

材料 皮蛋2个，鸡胸肉300克，蒜末、香菜段各少许

调料 盐3克，味精1克，白糖5克，生抽、陈醋、芝麻油、辣椒油各适量

食材处理

1. 锅中加足量清水。
2. 放入洗净的皮蛋、鸡胸肉，加盖焖15分钟。
3. 再将鸡肉、皮蛋取出。

做法

1. 皮蛋剥壳，先切瓣，再切丁。
2. 鸡胸肉撕成丝，装入碗中。
3. 鸡丝加盐、味精、白糖、蒜末拌匀。
4. 倒入皮蛋、香菜段。
5. 加生抽、陈醋、芝麻油、辣椒油，拌匀，装盘。

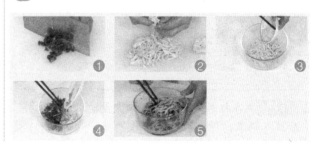

◆水产类食物大多鲜滑爽口，但是制作时有很多的小窍门。不仅烹饪前的腌渍、滑油、挂浆等工序会影响到菜的鲜嫩味道，而且烹制时火候的掌控、放调味料的顺序等，也会影响成菜的味道。此章就从这两个方面来做出解答。

水产海鲜类

干烧鲫鱼

⏱ 制作时间 **13分钟**

材料 鲫鱼1条，红椒片、姜丝、葱段各少许

调料 盐、味精、蚝油、老抽、料酒、葱油、辣椒油各适量

食材处理

① 鲫鱼宰杀洗净，剖花刀，加料酒、盐、生粉拌匀。

② 热锅注油，烧至六成热，放入鲫鱼。

③ 炸约2分钟至鱼身金黄色时捞出。

做法

① 锅留底油，放入姜丝、葱白煸香。

② 放入鲫鱼，淋入料酒，倒入清水，焖烧1分钟。

③ 加盐、味精、蚝油、老抽调味。

④ 倒入红椒拌匀。

⑤ 淋入少许葱油、辣椒油拌匀。

⑥ 盛汁收干后出锅，撒入葱叶即可。

制作指导 烹饪鲫鱼时，淋入料酒后马上盖上盖子焖片刻再加水煮，能充分地去腥增鲜。

功夫鲈鱼

⏱ 制作时间 **15分钟**

材料 鲈鱼1条，菜心150克，青椒、红椒各20克，泡椒30克

调料 盐5克，味精2克，胡椒粉、生粉各适量

食材处理

① 泡椒切碎；红椒切圈；青椒切圈。

② 将处理好的鲈鱼鱼头切下，鱼身剔去鱼骨，鱼肉切片。鱼骨斩块。

③ 鱼片、鱼骨加盐、味精、胡椒粉、生粉拌匀，腌10分钟。

④ 鱼头、鱼尾加盐、生粉拌匀，腌10分钟。

⑤ 青椒圈、红椒圈分别加盐、味精拌匀。

⑥ 锅中加清水烧热，放入洗净的菜心拌匀，煮沸捞出。

做法

① 热锅注油，烧至六成热，放入鱼头、鱼尾，炸约1分钟捞出。

② 倒入鱼片、鱼骨拌匀。

③ 炸约1分钟捞出。

④ 将鱼头、鱼尾、鱼骨、鱼片均摆入盘中。

⑤ 用菜心围边撒上红椒圈、青椒圈、泡椒。

⑥ 锅中加油，烧热，淋入盘中即可。

制作指导 ➤ 将鲈鱼去鳞剖腹洗净后，放入盆中，倒一些黄酒，略微腌渍，就能除去鱼的腥味，并能使鱼滋味鲜美。也可将新鲜鲈鱼剖开洗净，在牛奶中泡一会儿，既可除腥，又能增加鲜味。

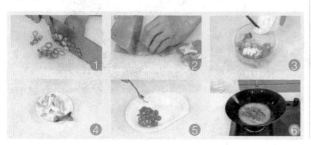

水煮鱼片

🕐 制作时间 **18分钟**

材料 草鱼550克，花椒1克，干辣椒1克，姜片10克，蒜片8克，葱白10克，黄豆芽30克，葱花适量

调料 盐6克，鸡粉6克，水淀粉10毫升，辣椒油15毫升，豆瓣酱30克，料酒3毫升，花椒油、胡椒粉、花椒粉、食用油各适量

食材处理

1. 将宰杀处理干净的草鱼切下鱼头，斩成块。
2. 把鱼脊骨取下来，斩成块。
3. 切下腩骨，斩成块。
4. 斜刀把鱼肉切成片。
5. 切好的鱼骨加少许盐、鸡粉、胡椒粉拌匀，腌渍10分钟。
6. 鱼肉加盐、鸡粉、水淀粉拌匀，加少许胡椒粉拌匀，加少许食用油，腌渍10分钟。

做法

1. 用油起锅，倒入姜片、蒜片、葱白爆香，倒入干辣椒、花椒炒香。
2. 倒入鱼骨略炒，淋入料酒。
3. 倒入约800毫升清水，加辣椒油、花椒油、豆瓣酱拌匀。
4. 加盖，中火煮约4分钟，放入黄豆芽，加盐、鸡粉，拌匀。
5. 将锅中的材料捞出，装碗，留下汤汁。
6. 将鱼片倒入锅中，翻动搅拌，大火煮约1分钟。
7. 将鱼片和汤汁盛入碗中。
8. 锅中加少许食用油，烧至六成热。
9. 鱼片撒上葱花、花椒粉，浇上热油即成。

制作指导 煮鱼的水不宜放过多，以刚没过鱼片为宜。

外婆片片鱼

⏱ 制作时间 **13分钟**

材料 草鱼肉180克，黄豆芽150克，蒜片、葱段、姜片各25克，干辣椒段15克，蛋清少许

调料 盐3克，鸡粉、味精、胡椒粉、水淀粉、食用油各适量

食材处理

① 将洗净的草鱼肉切片，装入碗中。

② 鱼肉加入盐、味精、鸡粉、胡椒粉抓匀。

③ 加水淀粉、蛋清和食用油抓匀腌渍5分钟。

④ 锅中注水，加入盐、鸡粉和食用油烧开。

⑤ 倒入洗净的黄豆芽焯煮半分钟至熟。

⑥ 捞焯好的黄豆芽，装入碗中。

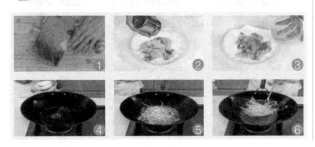

制作指导 鱼片下锅之前一定要先将汤汁调好味，入锅后煮制的时间也不能太久，否则鱼肉容易碎。另外，要减少用锅铲翻动鱼片的次数，以保持鱼片的完好。

做法

① 热锅注油，爆香姜片、蒜片和葱段。

② 倒入洗好干辣椒炒匀。

③ 加入少许清水。

④ 烧开后调入盐和鸡粉拌匀。

⑤ 倒入鱼片煮。

⑥ 大火煮约1分钟至熟透。

⑦ 淋少许水淀粉。

⑧ 快速拌炒匀。

⑨ 盛入装有黄豆芽的碗中即成。

豆花鱼片

⏱ 制作时间 **16分钟**

材料 草鱼500克，豆花200克，葱段、姜片各少许

调料 鸡粉、味精、盐、蛋清、水淀粉、食用油各适量

食材处理

1. 将处理好的草鱼剔除鱼骨，取肉切成薄片。
2. 鱼片加味精、盐拌匀。
3. 倒入少许蛋清拌匀。
4. 淋入适量水淀粉，拌匀。
5. 注入食用油，腌渍10分钟。

制作指导 事先将豆花放入蒸锅用小火蒸一会儿，可以增加成菜的风味。

做法

1. 起油锅，倒入姜片爆香。
2. 注入适量清水煮沸，加入鸡粉、盐调味。
3. 倒入鱼片拌煮至熟。
4. 用水淀粉勾芡，淋入少许食用油。
5. 撒上葱段拌匀。
6. 豆花装入盘中，将鱼片盛上，浇入汤汁。

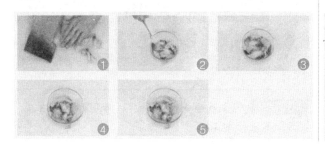

蒜香小炒鳝鱼丝

⏰ 制作时间 13分钟

材料 蒜苗70克，红椒30克，鳝鱼肉100克，蒜末、姜丝各少许

调料 料酒、盐、味精、生粉、水淀粉、蚝油各适量

食材处理

1. 蒜苗切段。
2. 红椒切丝。
3. 鳝鱼肉切段，再改切成丝。
4. 鳝鱼丝加料酒、盐、味精，撒入生粉拌匀。
5. 沸水锅中倒入油、盐，放入蒜苗煮至熟，捞出。
6. 倒入鳝鱼丝氽水至断生，用漏勺捞出。

做法

1. 热锅倒油，放入蒜末、姜丝、红椒丝。
2. 放入鳝鱼丝，炒香。
3. 淋入料酒。
4. 倒入蒜苗，再放蚝油。
5. 加入盐、味精，加水淀粉勾芡。
6. 淋入熟油后盛出即可。

制作指导 将生黄鳝剖洗干净后，可用开水烫去黏液，再进行加工。

口味鳝片

⏰ 制作时间 **15分钟**

材料 鳝鱼肉150克，蒜薹60克，红椒、干辣椒、姜片、蒜末、葱白各少许

调料 料酒、盐、味精、辣椒酱、水淀粉各适量

食材处理

① 洗净的蒜薹切段。

② 洗净的红椒切圈。

③ 洗净的鳝鱼肉切片。

④ 鳝鱼片加入盐、味精、料酒，再倒入水淀粉拌匀腌渍10分钟。

⑤ 沸水锅中加入食用油，放入少许盐，倒入蒜薹煮约1分钟至熟，用漏勺捞出备用。

⑥ 将鳝鱼片倒入沸水锅中氽煮片刻，用漏勺捞出备用。

做法

① 热锅注油，烧至四成热，放入鳝鱼肉滑油片刻，捞出备用。

② 锅留底油，倒入蒜末、姜片、葱白、洗好的干辣椒爆香。

③ 加入红椒圈、蒜薹，倒入鳝鱼肉炒匀。

④ 淋上料酒，放入盐，撒上味精，放入辣椒酱炒入味。

⑤ 加水淀粉勾芡。

⑥ 淋入熟油拌匀，盛出即可。

制作指导 鳝鱼片在翻炒时应放入足够食用油，翻炒时间也不宜过长，以免鳝鱼片炒碎了。

干锅鱿鱼

⏰ **制作时间**
18分钟

材料 净鱿鱼300克，青辣椒片30克，干辣椒15克，姜片7克，蒜片6克

调料 盐、味精、料酒、豆瓣酱、耗油、辣椒油各少许

食材处理

① 把鱿鱼头切开，加上麦穗花刀，切片。

② 鱿鱼须切段。

③ 锅注水烧热，加料酒、盐，倒入鱿鱼汆至断生捞出。

制作指导 食用新鲜鱿鱼时一定要去除内脏，因为其内脏中含有大量的胆固醇。

做法

① 用油起锅。

② 倒入姜片、蒜片。

③ 加豆瓣酱煸香。

④ 倒入干辣椒炒出辣味。

⑤ 加适量清水，放入盐、味精、蚝油调味。

⑥ 倒入青辣椒。

⑦ 加鱿鱼片拌匀。

⑧ 煮约2分钟至熟透，淋入辣椒油拌匀。

⑨ 收干汁后转到干锅即成。

沸腾虾

制作时间
13分钟

材料　基围虾300克，干辣椒10克，花椒7克，蒜末、姜片、葱段各少许

调料　盐、味精、鸡粉、辣椒油、豆瓣酱各适量

制作指导▶爆香佐料时用中小火将香味慢慢调出来，倒入虾再转大火爆炒，能使虾入味且保证其鲜香嫩滑。

做法

1. 将已洗净的虾切去头须、虾脚。
2. 用油起锅，倒入蒜末、姜片、葱段。
3. 加入干辣椒、花椒爆香。
4. 加入豆瓣酱，炒匀。
5. 倒入适量清水。
6. 放入辣椒油，再加入盐、味精、鸡粉调味。
7. 倒入虾，约煮1分钟至熟。
8. 锅中快速翻炒片刻。
9. 盛出装盘即可。

泡椒基围虾

⏰ 制作时间 **13分钟**

材料 基围虾250克，灯笼泡椒50克，姜片、蒜末、葱白、葱叶各少许

调料 盐3克，水淀粉10克，鸡粉3克，味精、料酒、食用油各适量

食材处理

① 将洗净的虾剪去须、脚。

② 切开虾的背部。

制作指导 炒时滴少许醋，可让虾的颜色鲜红亮丽，壳和肉也容易分离。

做法

① 热锅注油，烧至六成热，倒入鲜虾。

② 炸熟后捞出。

③ 锅底留油，倒入姜片、蒜末、葱白爆香。

④ 倒入灯笼泡椒炒匀。

⑤ 倒入处理好的虾炒匀。

⑥ 加料酒、鸡粉、味精、盐，炒匀调味。

⑦ 加入适量水淀粉勾芡。

⑧ 加入葱叶炒匀，再继续翻炒片刻至熟透。

⑨ 盛出装盘即可。

泡椒小炒花蟹

⏰ 制作时间 **16分钟**

材料 花蟹2只，泡椒、灯笼泡椒各10克，生姜片、葱段各少许

调料 盐、白糖、水淀粉、生粉各少许

食材处理

① 泡椒对半切开备用。

② 将生粉撒在已经处理好的花蟹上。

③ 热锅注油，倒入花蟹炸熟，捞出炸好的花蟹。

做法

① 锅底留油，放入生姜煸香。

② 倒入少许清水。

③ 放入花蟹煮沸。

④ 加适量盐、白糖调味。

⑤ 倒入灯笼泡椒炒匀。

⑥ 加入少许水淀粉翻炒匀。

⑦ 加入少许熟油和葱段拌匀。

⑧ 摆入盘中即成。

制作指导 花蟹清洗时，应将其内脏清除干净。花蟹的大钳很硬，吃起来不方便，煮之前可以先把它拍裂，会更易入味。

辣炒花蛤

制作时间
13分钟

材料 花蛤500克，青椒片、红椒片、干辣椒、蒜末、姜片、葱白各少许

调料 盐3克，料酒3毫升，味精3克，鸡粉3克，芝麻油、辣椒油、食用油、豆豉酱、豆瓣酱各适量

做法

1. 用油起锅，入干辣椒、姜片、蒜末、葱白。
2. 加入切好的青椒片、红椒片、豆豉酱炒香。
3. 倒入煮熟的花蛤，拌炒均匀。
4. 加入适量的味精、盐、鸡粉。
5. 淋入少许料酒炒匀调味。
6. 加豆瓣酱、辣椒油炒匀。
7. 加适量水淀粉勾芡。
8. 加少许芝麻油炒匀。
9. 盛出装盘即可。

食材处理

1. 锅中加足量清水烧开，倒入花蛤拌匀。
2. 壳煮开后捞出。
3. 放入清水中清洗干净。

制作指导 花蛤炒制前，可先用清水泡一下，帮助花蛤吐出泥沙。

干锅牛蛙

⏰ 制作时间 **15分钟**

材料 牛蛙250克，干辣椒10克，生姜片15克，蒜蓉20克，葱段10克

调料 盐、味精、蚝油、料酒、辣椒油、辣椒酱各适量

食材处理

① 牛蛙斩块；生姜、葱、料酒装碗，挤出汁成葱姜酒汁。

② 牛蛙加盐、味精、水淀粉、葱姜酒汁拌匀腌制。

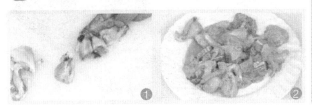

制作指导 1.牛蛙入油锅前一定要沥干水分，否则炸制牛蛙时油容易溅出。其次，牛蛙炸制的时间不宜太久，以免牛蛙里的水分被炸干，肉质太硬，影响口感。2.煮牛蛙时，中途不能再加水焖煮，以免肉质老化，影响口感。

做法

① 油锅烧至六七成热时，倒入牛蛙炸约1分钟至熟，捞出备用。

② 起油锅，放入生姜片、蒜蓉、干辣椒、葱白，煸炒至香。

③ 加少许辣椒酱拌炒，再加适量料酒拌匀，倒入适量清水烧开。

④ 入牛蛙拌炒匀，再煮2~3分钟，大火烧至汤汁收干。

⑤ 加适量盐、味精、蚝油、辣椒油调味。

⑥ 撒入剩余葱段炒匀，盛入干锅即可食用。

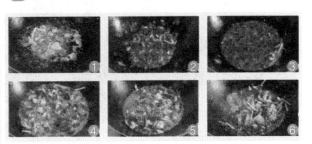

素菜类

◆川味的素菜很有特色。在选购上要挑选新鲜的蔬菜，力求清爽素净。在烹饪手法上花样繁多，有小火慢炒、大火爆香等。川味素菜的营养也极为丰富。下面就将呈现各式川味素菜，让您学会正宗的川味素菜的烹饪技法。

麻婆豆腐

⏰ 制作时间 14分钟

材料 嫩豆腐500克，牛肉末70克，蒜末、葱花各少许

调料 食用油35毫升，豆瓣酱35克，盐、鸡粉、味精、辣椒油、花椒油、蚝油、老抽、水淀粉各适量

食材处理

① 豆腐切成小块。

② 锅中注入1500毫升清水烧开，加入盐。

③ 倒入豆腐煮约1分钟至入味，用漏勺捞出备用。

制作指导 豆腐入热水中焯烫一下，这样在烹饪的时候比较结实不容易散。

做法

① 锅置大火上，注油烧热，倒入蒜末炒香。

② 倒入牛肉末翻炒1分钟至变色，加豆瓣酱炒香。

③ 注入200毫升左右的清水。

④ 加入蚝油、老抽拌匀，加入盐、鸡粉、味精炒至入味。

⑤ 倒入豆腐，加入辣椒油、花椒油。

⑥ 轻轻翻动，改用小火煮约2分钟至入味。

⑦ 加入少许水淀粉勾芡，盛入盘内，撒入少许葱花即可。

回锅莲藕

 制作时间 **13分钟**

材 料 莲藕350克，红辣椒圈10克，葱白、葱花各少许

调 料 盐2克，白糖、鸡粉、水淀粉各适量

食材处理

1 锅中注入适量水，放入莲藕，加盖焖煮。

2 熟后捞出。

3 将莲藕切丁。

制作指导 切开莲藕在切口处覆以保鲜膜，可冷藏保鲜一个星期左右。

做 法

1 炒锅热油，倒入藕丁。

2 放入红辣椒圈、葱白炒匀。

3 加入盐。

4 放入白糖。

5 放入鸡粉炒匀。

6 加少许水淀粉翻炒片刻。

7 撒入葱花。

8 出锅即可。

宫爆茄丁

⏱ 制作时间
12分钟

材料 茄子150克，花生米50克，干辣椒10克，大葱、姜片、蒜末各少许

调料 盐2克，味精、豆瓣酱、料酒、生粉、水淀粉各适量

食材处理

① 将洗净的茄子去皮，切丁。

② 大葱洗净切丁。

③ 锅中加水烧开，倒入洗好的花生米，加盐煮熟后捞出。

④ 热锅注油，烧至四成热，倒入花生米，小火炸约2分钟至熟后捞出。

⑤ 茄丁撒上生粉拌匀。

⑥ 放入热油锅，小火炸1分钟至金黄色后捞出。

做法

① 锅留底油，倒入姜片、蒜末、大葱、干辣椒爆香。

② 倒入茄子，加入盐、味精、豆瓣酱和料酒。

③ 炒匀后加少许清水，拌炒入味。

④ 加水淀粉勾芡。

⑤ 入花生米炒匀。

⑥ 盛入盘中即成。

制作指导 在加工茄子时，应注意防止氧化。切开后的茄子应立即浸入水中，否则茄子会被氧化而变成褐色。在炸茄子时，维生素会大量流失，若将生粉和蛋液调成糊，将茄子挂糊后再炸，能减少维生素的损失。

口味黄瓜钵

🕐 制作时间 **12分钟**

材料　黄瓜300克，朝天椒13克，干辣椒、姜片、蒜末、葱白各少许

调料　盐2克，豆瓣酱、黄豆酱各20克，味精、鸡粉、食用油各适量

食材处理

① 把洗净的黄瓜切6厘米长的段，再切成片。

② 洗净的朝天椒切成圈。

③ 将切好的黄瓜和朝天椒装盘。

做法

① 用油起锅，倒入洗净的干辣椒、姜片、蒜末、葱白。

② 倒入朝天椒，炒出香味。

③ 倒入黄瓜片翻炒匀。

④ 加豆瓣酱、黄豆酱炒匀。

⑤ 加少许盐、味精、鸡粉，翻炒调味。

⑥ 加少许水淀粉勾芡。

⑦ 翻炒至入味。

⑧ 盛入煲仔即成。

制作指导 黄瓜尾部含有较多的苦味素，苦味素对于消化道炎症具有独特的功效，可刺激消化液的分泌，产生大量消化酶，可以使人胃口大开。因此，烹制黄瓜时，应将其尾部保留。

干煸四季豆

⏰ **制作时间 13分钟**

材料 四季豆300克，干辣椒3克，蒜末、葱白各少许

调料 盐3克，味精3克，生抽、豆瓣酱、料酒各适量

食材处理

① 四季豆洗净，均匀切段。

② 热锅注油，烧至四成热，倒入四季豆。

③ 滑油片刻捞出。

制作指导 四季豆滑油前，应沥干水分。滑油后的四季豆用大火快速翻炒至入味，这样炒出来的四季豆口感更佳。

做法

① 锅底留油，倒入蒜末、葱白。

② 再放入洗好的干辣椒爆香。

③ 倒入滑油后的四季豆。

④ 加盐、味精、生抽、豆瓣酱、料酒。

⑤ 翻炒约2分钟至入味。

⑥ 盛出装盘即可。

▍笋丝鱼腥草

⏰ **制作时间 12分钟**

材料 莴笋150克，鱼腥草100克，红椒15克，蒜末20克

调料 盐3克，食用油、味精、白糖、辣椒油、花椒油、芝麻油各适量

食材处理

① 将洗好的鱼腥草切段；将已去皮洗好的莴笋切丝；将红椒切丝。

② 锅中注水烧开，加适量盐、食用油煮沸，倒入莴笋丝，煮熟捞出。

③ 再倒入鱼腥草，煮熟捞出。

做法

① 取一大碗，倒入鱼腥草、莴笋丝、蒜末、红椒丝。

② 加入盐、味精、白糖、花椒油、辣椒油拌匀。

③ 加入芝麻油，拌匀，装入盘中即成。

制作指导 焯莴笋丝时一定要注意时间和温度，焯的时间过长、温度过高会使莴笋丝绵软，失去清脆的口感。

绝味泡双椒

⏰ 制作时间 **7天**

材料 红椒、青椒各100克，洋葱60克，蒜头20克，红尖椒20克

调料 盐20克，糖15克，白酒15毫升，白醋10毫升

食材处理

① 洗好的红椒切成小段。

② 洗净的青椒切成小段。

③ 把已去皮洗净的洋葱切成片儿。

做法

① 青红椒放入碗中，加入盐、白糖、白酒和白醋。

② 倒入300毫升矿泉水，拌匀。

③ 倒入蒜头和切好的洋葱，用筷子搅拌至入味。

④ 将拌好的材料装入玻璃罐中。

⑤ 盖上盖子，拧紧，置于阴凉处浸泡7天，泡菜制成，取出食用即可。

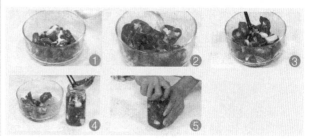

制作指导 洋葱的香辣味对眼睛有刺激作用，患有眼疾，或者眼部充血时，不宜切洋葱。

豆角泡菜

⏰ 制作时间
5天

材料 豆角20克，花椒10克，干辣椒6克

调料 白酒、盐、矿泉水各适量

食材处理

① 将洗净的豆角切段。

② 装入盘中备用。

做法

① 锅内加适量清水烧开，倒入花椒。

② 加盐，再煮1~2分钟，盛出花椒水。

③ 加少许矿泉水。

④ 取玻璃罐，放入干辣椒，倒入豆角、适量白酒。

⑤ 加入花椒水，加入适量盐。

⑥ 加盖密封，放于阴凉通风处放置4~5天，揭盖，取出即可食用。

制作指导 泡豆角之前最好先将豆角的水分沥干，这样泡出来的豆角比较香脆。

香辣花生米

⏰ 制作时间 **15分钟**

材料 花生米300克，干辣椒8克

调料 辣椒油10克，辣椒面15克，盐适量

食材处理

① 锅中加入适量清水。

② 倒入花生米，加入少许盐。

③ 煮约3分钟捞出沥水。

做法

① 起锅，注油烧至五成热。

② 倒入花生米。

③ 炸约2分钟捞出装盘。

④ 锅底留油，倒入干辣椒、辣椒面翻炒出辣味。

⑤ 倒入炸好的花生米。

⑥ 淋入辣椒油。

⑦ 加入少许盐，炒匀。

⑧ 盛出装盘即可。

制作指导 1.花生红衣营养丰富，具有补血止血的功效，烹制花生米菜肴时，不必将花生红衣去除。2.花生米入油锅后，应保持温油小火炸制，中途还需不停搅动，让花生米能保持受热均匀。待花生米的颜色炸至稍变深时就捞出来。若炸到正好再捞的话说明花生米已经炸糊。

香酥豌豆

⏰ 制作时间 **12分钟**

材料 水发干豌豆200克，葱花少许

调料 盐3克，味精2克，生抽少许

食材处理

① 热锅注油，烧至四成热。

② 倒入豌豆，小火炸约1分钟至熟。捞出装入盘中。

制作指导 豌豆粒多食后易发生腹胀，故不宜长期大量食用。豌豆适合与富含氨基酸的食物一起烹调，可以明显提高豌豆的营养价值。

做法

① 锅留底油，将炸好的豌豆倒入锅中。

② 加入盐、味精、生抽，拌炒片刻。

③ 将炒好的豌豆盛入盘中，撒上葱花即可。

麻酱冬瓜

⏰ 制作时间 **16分钟**

材料 冬瓜300克，红椒、葱条、姜片各少许

调料 盐2克，鸡粉、料酒、芝麻酱、食用油各适量

食材处理

① 将去皮洗净的冬瓜切块。

② 把部分姜片切成末，洗净的红椒切成粒。

③ 取部分葱条切成葱花。

④ 热锅注油烧热，倒入冬瓜。

⑤ 滑油片刻后，将冬瓜捞出。

制作指导 蒸冬瓜时，时间和火候一定要够，不然蒸出的冬瓜太硬，影响口感。

做法

① 锅留底油，倒入葱条、姜片。

② 加入适量料酒、清水、鸡粉、盐，再倒入冬瓜煮沸，捞出备用。

③ 将冬瓜装盘，放入蒸锅，大火蒸2~3分钟至熟软。

④ 揭盖，取出蒸软的冬瓜。

⑤ 热锅注油，倒入红椒粒、姜末、葱花煸香，再倒入冬瓜炒匀。

⑥ 倒入少许芝麻酱拌炒均匀，盛入盘中，撒上葱花即可。

香辣干锅花菜 ⏰ 制作时间 13分钟

材料 花菜100克，五花肉片30克，干辣椒7克，蒜片、葱段各少许

调料 盐、鸡粉、生抽、料酒、高汤、食用油各适量

食材处理

1 洗净的花菜切成小朵。

2 锅中倒入适量清水烧热，加入盐、食用油拌匀。

3 放入切好的花菜，焯煮至熟，捞出备用。

做法

1 热锅注油，倒入五花肉，炒至出油。

2 倒入蒜片、干辣椒翻炒出辣味。

3 淋入少许料酒。

4 倒入花菜，翻炒均匀，加入盐、鸡粉炒匀调味。

5 注入少许高汤，大火煮沸。

6 翻炒至入味，将锅中材料盛入干锅即可。

制作指导 五花肉用中火炒至出油，不仅油质好，香味也很浓。

酸辣萝卜丝

⏰ 制作时间 **14分钟**

材料 白萝卜300克，葱白、葱段、红椒丝各少许

调料 盐、鸡粉、白醋、花椒油、水淀粉各适量

做法

① 白萝卜去皮洗净，切丝备用。

② 热锅注油，入葱白爆香。

③ 倒入萝卜丝，翻炒1分钟至熟。

④ 加入盐、鸡粉，炒匀调味。

⑤ 倒入红椒丝，炒匀后加适量白醋翻炒入味。

⑥ 倒入适量辣椒油，炒匀。

⑦ 最后加入少许水淀粉勾芡。

⑧ 撒入葱段，拌炒均匀。

⑨ 盛入盘内即可。

制作指导 若觉得太辣，可在萝卜丝入锅前，用盐先腌5分钟，以减少辣味。

泡菜炒年糕

⏰ 制作时间 **13分钟**

材料 泡菜200克，年糕100克，葱白、葱段各15克

调料 盐、鸡粉、白糖、水淀粉、香油各适量

食材处理

1. 将洗净的年糕切块备用。
2. 锅中加适量清水烧开，入年糕。
3. 大火煮约4分钟至熟软后捞出煮好的年糕，沥干水分。

做法

1. 起油锅，倒入葱白、泡菜。
2. 倒入年糕，拌炒约2分钟至熟。
3. 加入盐、鸡粉、白糖，炒匀调味。
4. 用少许水淀粉勾芡，再淋入香油炒匀。
5. 撒入葱段，拌炒匀，盛入盘内即成。

制作指导 泡菜本身含有较多的盐分，在炒制过程中加少许盐调味即可。

泡椒炒西葫芦

⏰ 制作时间 **12分钟**

材料 西葫芦300克，泡椒30克，红椒20克，姜片、蒜末各少许

调料 盐3克，料酒4毫升，味精2克，水淀粉10毫升，蚝油4克，食用油适量

食材处理

① 把洗净的西葫芦切成片，改切成丝。

② 洗好的红椒切成段，改切成丝。

③ 泡椒切成丁。

做法

① 用油起锅，倒入姜片、蒜末、红椒、泡椒炒香。

② 倒入切好的西葫芦，翻炒片刻。

③ 加入少许料酒炒香，再加入盐、味精。

④ 倒入蚝油，拌炒1分钟至入味。

⑤ 再加入水淀粉勾芡。

⑥ 起锅，将炒好的西葫芦盛入盘中即可。

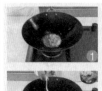

制作指导 西葫芦入锅炒制的时间不能太长，否则会影响其外观和口感。

泡椒炒藕丝

⏰ 制作时间
12分钟

材料 莲藕200克，灯笼泡椒50克，青椒、红椒各10克，姜片、蒜末、葱白各少许

调料 盐3克，味精3克，水淀粉10毫升，白醋3毫升，食用油适量

食材处理

1. 洗净的红椒去籽，切成丝。
2. 洗净的青椒去籽，切成丝。
3. 去皮洗净的莲藕切薄片，切成丝。
4. 灯笼泡椒对半切开。
5. 锅中加约1000毫升清水烧开，加少许白醋。
6. 倒入切好的莲藕丝，将其煮沸后捞出。

制作指导 炒藕丝时，避免使用铁器，以免引起食物发黑。

做法

1. 用油起锅，倒入姜片、蒜末、葱白爆香。
2. 加入切好的青椒、红椒丝。
3. 倒入灯笼泡椒炒香。
4. 倒入焯水后的莲藕翻炒。
5. 加盐、味精，炒匀调味，加入少许水淀粉勾芡。
6. 快速翻炒匀，盛出装盘即可。

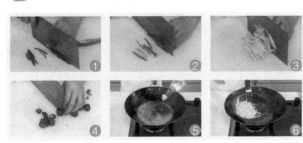

鱼香脆皮豆腐

⏰ 制作时间 **14分钟**

材料 日本豆腐200克，生姜15克，大蒜5克，葱3克，灯笼泡椒20克

调料 醋、辣椒油、白糖、盐、生抽、老抽、生粉、水淀粉各适量

食材处理

① 葱洗净，切成葱花。

② 灯笼泡椒去蒂，切末。

③ 盘底抹上生粉，日本豆腐切段，装盘，撒上生粉。

做法

① 油锅烧至四五成热时，放入日本豆腐块炸2分钟至金黄色。

② 捞出装盘。

③ 锅留底油，入蒜末、葱末、泡椒末炒出辣味。

④ 加清水、醋、辣椒油、白糖、盐、生抽、老抽、水淀粉调汁。

⑤ 倒入日本豆腐拌炒匀，煮约1分钟入味，出锅装盘。

⑥ 浇入原汤汁，撒上葱花即成。

制作指导 炸日本豆腐时一定要用大火，并用勺子在锅中慢慢搅动，这样可以避免豆腐块在炸的时候粘在一起。

第 3 部分

254道
好吃易做的
家常川菜

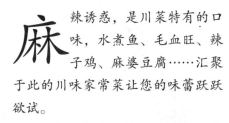

麻辣诱惑，是川菜特有的口味，水煮鱼、毛血旺、辣子鸡、麻婆豆腐……汇聚于此的川味家常菜让您的味蕾跃跃欲试。

家常川菜的做法地道，简单易学，既有传统佳肴，也有创新菜式，荤素并举，各种做法兼顾，老少咸宜，适合全家一年四季享用。即便你是小试牛刀的初学者，没有做川菜的经验，也能做得有模有样有滋味。不用去餐厅，在家里用简单食材就可以做地道正宗的川菜。

畜肉类

◆畜肉主要有猪肉、牛肉、羊肉、狗肉等。畜肉味道鲜美，营养丰富，使人更耐饥、保暖，还可以让身体变得更强壮。畜肉所含的蛋白质是完全蛋白，可以提供人体所需的全部种类的氨基酸。畜肉和蔬菜、瓜果应搭配食用，相互补充，更具营养。

蒜泥白肉

⏰ 制作时间
30分钟

材料 猪后臀肉250克

调料 生抽10克，醋、辣椒酱、料酒、白糖、红油各5克，盐3克，香菜、葱段各15克，姜片10克

做法

①猪后臀肉刮洗干净，放汤锅中煮至皮软、断生停火。

②将猪后臀肉在汤锅中浸泡20分钟待用。

③猪后臀肉出锅用刀片成薄片；黄瓜洗净切成片，摆盘待用。

④大蒜洗净剁成蓉，姜、葱切粒，与其他调味料调成味汁，跟碟上桌即可。

小提示 此菜香辣鲜美，蒜味浓厚，肥而不腻。

青椒肉丝

⏰ 制作时间 **12分钟**

材料 青椒50克，红椒15克，瘦肉150克，葱段、蒜片、姜丝各少许

调料 盐5克，水淀粉10毫升，味精3克，食粉3克，豆瓣酱3克，料酒3毫升，蚝油、食用油各适量

食材处理

1 将洗净的红椒切成丝；洗净的青椒切成丝；洗好的瘦肉切成丝。

2 肉片装入碗中，加少许食粉、盐、味精拌匀。

3 加入适量水淀粉，拌匀。

4 加少许食用油，腌渍10分钟。

5 热锅注油，烧至四成热，倒入准备好的肉丝。

6 滑油至变色，捞出备用。

做法

1 锅底留油，倒入姜丝、蒜片、葱段爆香。

2 倒入青椒、红椒炒匀。

3 倒入肉丝炒匀。

4 加盐、味精、蚝油、料酒调味。

5 加入豆瓣酱炒匀，再用水淀粉勾芡。

6 炒匀出锅装盘即可。

制作指导 豆瓣酱一定要炒出红油，否则会影响成品外观和口感。

酱香烧肉

⏰ 制作时间
20分钟

材料 猪肉500克，红椒10克，榨菜适量

调料 葱10克，盐3克，酱油、醋各适量

做法

①猪肉洗净，入沸水中氽一下水，捞出沥干，在表皮面打上花刀，抹上一层酱油。

②榨菜切末。

③葱洗净，切花。

④红椒去蒂洗净，切粒。

⑤锅下油烧热，放入猪肉稍微煎一下，加入适量清水，放入榨菜，加盐、醋调味，烧至熟透后盛盘，撒上葱花、红椒粒即可。

老醋泡肉

⏰ 制作时间
18分钟

材料 卤猪肉300克，青椒、红椒及花生米各80克

调料 盐、味精、香油各4克，陈醋200克

做法

①卤猪肉切大片，摆入碗中；青椒、红椒均洗净，切圈。

②花生米洗净。

③锅置火上，入油烧热，下入花生米与青椒、红椒圈。

④炸熟后装入肉碗中。

⑤将陈醋、盐、味精、香油倒入肉碗中浸泡即可。

小提示 卤五花肉时，要在卤汁中卤久一些才会入味。

大盘肉

制作时间 30分钟

材料 五花肉200克，泡椒200克，卤水适量

调料 蒜肉15克，姜片10克，盐3克，味精3克

做法

① 将五花肉在火上烧去残毛，洗净入沸水中氽烫，捞出备用。

② 锅中放卤水，下五花肉入卤水中卤制40分钟，取出切片。

③ 锅中放入少许油，将肉片炒出油，下入姜、蒜、泡椒焖至入味即可。

④ 调入盐、味精，拌匀即可。

红油白肉

制作时间 **25分钟**

材料 五花肉500克

调料 熟白芝麻15克，盐3克，酱油、红油各适量

做法

① 五花肉洗净，切片，入沸水锅中汆水，捞出沥干摆盘，将盐、酱油、红油拌匀，淋入盘中。

② 蒸锅置火上，将备好的五花肉蒸熟取出，撒上熟白芝麻即可。

飘香白肉

制作时间 **35分钟**

材料 猪腿肉400克，莴笋200克，青椒、红椒圈各50克

调料 高汤800克，青花椒20克，盐4克，香菜10克，姜丝5克

做法

① 猪腿肉洗净汆水，切片；莴笋洗净去皮，切条；香菜洗净，切段。

② 锅热锅加油，下入青花椒、姜丝炒香，加入猪腿肉和莴笋炒匀，加青椒、红椒同炒，加入适量高汤炖煮，加盐调味，撒上香菜。

一品水煮肉

制作时间 **30分钟**

材料 猪肉300克

调料 盐4克，花椒、鸡精各3克，水淀粉、鲜汤、红油、酱油、葱各适量，干辣椒30克

做法

① 猪肉洗净切片，加盐和水淀粉拌匀；干辣椒、葱洗净，干辣椒切段，葱切花。

② 热锅下油，下入干辣椒和花椒炸香，加鲜汤、酱油、盐、鸡精、红油烧沸。再放肉片煮散至熟，撒上葱花。

醴陵小炒肉

⏰ 制作时间 **15分钟**

材料 猪里脊肉300克，五花肉100克

调料 豆瓣酱15克，盐、味精各2克，酱油、红椒、芹菜各适量

做法

① 猪里脊肉、五花肉、红椒洗净切片，猪里脊肉用酱油腌渍；芹菜洗净切段。

② 锅至火上，入油烧热，放入五花肉炒至出油，放入猪里脊肉、芹菜、红椒，加豆瓣酱大火翻炒至熟。

③ 调入味精、酱油、盐，出锅盛盘即可。

豆豉肉末炒尖椒

⏰ 制作时间 **18分钟**

材料 猪肉500克，红椒、青椒各50克

调料 豆豉30克，盐3克，葱、姜、蒜各6克

做法

① 猪肉洗净，切成末。

② 青椒、红椒洗净，斜切成椒圈。

③ 葱、姜、蒜洗净切碎。

④ 锅置火上，入油烧热，下入姜、蒜、豆豉爆香。

⑤ 倒入肉末、青椒、红椒翻炒均匀。

⑥ 调入盐炒匀，撒上葱花即可。

筒子骨娃娃菜

⏰ 制作时间 **35分钟**

材料 筒子骨250克，娃娃菜200克

调料 盐3克，鸡精2克，姜片15克，枸杞适量

做法

① 筒子骨治净备用。

② 娃娃菜洗净，切条。

③ 枸杞泡发，洗净。

④ 热锅下油，注入适量清水，加入盐、姜片，放入筒子骨煮至八成熟。

⑤ 放入娃娃菜、枸杞煮熟。

⑥ 加入鸡精调匀。

油焖茭白

⏰ 制作时间 **13分钟**

材料 茭白150克，五花肉200克，红椒15克，姜片、蒜末、葱白各少许

调料 盐10克，蚝油3克，老抽、料酒、味精、水淀粉、芝麻油、食用油各适量

食材处理

1. 将去皮洗净的茭白对半切开，切成片。
2. 红椒去蒂，切开，去籽切成块。
3. 洗净的五花肉切片。
4. 锅中加清水烧开，加盐，少许食用油。
5. 倒入茭白，均匀搅拌。
6. 煮沸捞出。

制作指导 茭白以春夏季的质量最佳，营养比较丰富。如发生茭白黑心，是品质粗老的表现，不宜食用。烹饪前，应将茭白放入热水锅中焯煮一下，以除去其中含有的草酸。

做法

1. 用油起锅，倒入五花肉，翻炒至出油。
2. 加少许老抽、料酒，翻炒香。
3. 加入姜片、蒜末、葱白、红椒，炒匀。
4. 倒入切好并余水的茭白。
5. 加蚝油、盐、味精，炒匀调味，煮片刻。
6. 加少许水淀粉勾芡。
7. 加少许芝麻油。
8. 锅中翻炒匀至入味。
9. 盛出装盘即可。

四川熏肉

⏰ 制作时间
60分钟

材料　猪肋条肉1000克

调料　茶叶、葱末、盐、姜末、料酒、香油各适量

做法

① 猪肋条肉洗净，用盐、葱末、姜末、料酒腌渍半小时。

② 锅置火上，注入适量水烧热，下腌肉烧开，焖煮至熟。

③ 再加入茶叶，小火温熏，待肉上色后，捞出晾凉，切片。

④ 淋油装盘即可。

海苔冻肉

⏰ 制作时间
25分钟

材料　海苔80克，猪肉皮120克，红椒适量

调料　蒜蓉、盐、香油、红油各适量

做法

① 海苔洗净，剁碎。

② 猪肉皮治净，汆水，切丁。

③ 红辣椒、蒜头洗净，剁碎。

④ 锅置火上，注适量水，入猪肉皮丁煮至黏稠时，入海苔煮熟。

⑤ 入冰箱冰至凝固，取出切片装盘。

⑥ 油锅烧热，放红辣椒、蒜蓉炸香，入盐、香油、红油制成味汁，淋在海苔冻肉上。

酸菜小竹笋

制作时间 **17分钟**

材料 酸菜、罗汉笋各250克，肉末50克

调料 豆8克，味精4克，老抽6克，干椒节10克，姜末、糖、蒜末各5克

做法

1 酸菜洗净切碎，挤去水分备用。

2 罗汉笋洗净切丁，焯水备用。

3 锅留底油，下入肉末、姜蒜末炒香。

4 下入酸菜、罗汉笋，翻炒均匀。

5 调入其他调味料，炒熟入味即可。

回锅肉

制作时间 **25分钟**

材料 五花肉400克，蒜苗100克

调料 酱油、白糖、料酒、郫县豆瓣少许

做法

1 蒜苗择洗干净，切马耳朵形。

2 猪肉烧皮，去尽残毛，入开水锅中煮至断生，晾冷，切薄片。

3 锅置旺火上，下少许油烧热，下肉片炒至"灯盏窝"状。

4 加入料酒，下郫县豆瓣炒至变色。

5 下酱油、白糖、蒜苗节，炒至蒜苗断生，起锅装盘即可。

酥夹回锅肉

制作时间 **22分钟**

材料 猪腿肉400克，青椒、红椒各1个，蒜苗50克，酥夹20克

调料 郫县豆瓣20克，盐、蒜、料酒各5克，姜1块

做法

1 青椒、红椒洗净，切丝。

2 蒜苗洗净，切段。

3 热腿肉煮熟，取出切片。

4 锅至火上，入油烧热，下猪腿肉片爆香。

5 加入除酥夹外的原料炒匀，装入盘中。

6 将酥夹煎至金黄色，摆在盘边即可。

大山腰片

⏰ 制作时间 **22分钟**

材料 猪腰500克，红椒、野山椒各适量

调料 香菜、盐各4克，料酒、酱油各10克，花椒适量

做法

① 猪腰洗净，切片。

② 红椒洗净，切圈。

③ 香菜洗净，切段。

④ 炒锅注油烧热，放入野山椒、花椒炒香，加入猪腰煸炒至变色，放入红椒同炒，注入适量清水、料酒、酱油煮开。

⑤ 最后调入盐调味，撒上香菜段即可。

剁椒腰花

⏰ 制作时间 **20分钟**

材料 猪腰500克，红椒、熟花生米、香菜各适量

调料 生抽、料酒、蒜、熟芝麻、红油、盐各适量

做法

① 猪腰治净，切片后打花刀，用料酒腌渍，装盘。

② 红椒洗净切圈。

③ 蒜去皮洗净切末。

④ 香菜洗净切段。

⑤ 将盐、蒜、熟芝麻、红油和生抽调成味汁，浇在腰花上。

⑥ 撒上花生米、红椒圈，入蒸锅蒸熟，撒上香菜段即可。

醉腰花

制作时间 **17分钟**

材料 猪腰550克，生菜丝100克

调料 料酒、蒜泥各10克，生抽、老抽各5克，蚝油、葱花、胡椒粉、麻油、醋各适量

做法

① 猪腰去腰臊，切成梳子花刀，漂洗净。

② 放入沸水汆至断生捞起，用纯净水冲凉；将所有调味料调匀，配制成醉汁。

③ 腰花放入容器，浇入醉汁，用生菜围边。

水豆豉腰片

制作时间 **27分钟**

材料 猪腰400克，水豆豉、泡萝卜各50克，泡椒、野山椒及青椒、红椒片各20克

调料 青花椒、料酒、盐

做法

① 将所有原材料治净。

② 猪腰汆水，切片。

③ 热锅加油，放入水豆豉、泡椒、野山椒、泡萝卜、青花椒炒香，加入猪腰片同炒片刻，放入青椒、红椒。

④ 再加入适量清水和料酒同煮，调入盐，起锅装盘即可。

辣豆豉凤尾腰花

制作时间 **18分钟**

材料 猪腰350克，豆豉、泡椒、青椒、竹笋各适量

调料 蒜苗、盐、料酒、水淀粉各适量

做法

① 猪腰治净，改刀成凤尾形，加盐和料酒、水淀粉拌匀。

② 竹笋洗净，切块。

③ 青椒、蒜苗洗净，切段。

④ 锅置火上，加油烧热，放入泡椒、豆豉、蒜苗炒香。

⑤ 再加入猪腰、竹笋、青椒爆炒。

⑥ 调入盐，翻炒均匀即可。

泡椒大肠

⏰ 制作时间 **18分钟**

材料　猪肠300克，泡椒20克，黄瓜200克

调料　辣椒油5克，盐3克

做法

① 猪肠洗净切段，抹上盐腌渍入味。

② 泡椒切段。

③ 黄瓜洗净，去皮切块。

④ 锅中倒油烧热，下入大肠、黄瓜炒熟。

⑤ 倒入泡椒和盐炒匀，淋上辣椒油即可出锅。

豆花肥肠

⏰ 制作时间 **28分钟**

材料　猪大肠400克，豆腐100克，黑木耳50克

调料　花椒粉、葱花、盐、辣椒酱、黄豆各适量

做法

① 肥肠洗净，煮至七分熟，捞出晾凉，切块；豆腐洗净，汆水装盘；黑木耳洗净；黄豆炸香。

② 锅置火上，入油适量烧热，下辣椒酱、花椒粉炒香。

③ 肥肠下锅煸炒，下入黑木耳、黄豆翻炒，加清水烧开煮至肥肠熟软。

④ 调入盐，出锅放在豆腐上，撒上葱花。

酸菜肥肠

⏰ 制作时间 **15分钟**

材料 肥肠500克，酸菜、四季豆、青椒、干红椒各适量

调料 盐、蒜各5克，鸡精2克，料酒、醋各适量

做法

① 肥肠治净，切片；青椒、四季豆洗净，切段；酸菜切小块；干红椒洗净；蒜去皮洗净，切末。

② 油锅烧热，入蒜炒香，注入适量清水，放入酸菜烧沸。

③ 放入肥肠、四季豆、红椒，加盐、鸡精、料酒、醋调味。

④ 待肥肠烧至熟，出锅即可。

香辣肠头

⏰ 制作时间 **10分钟**

材料 猪大肠500克

调料 盐3克，葱10克，花椒5克，料酒、酱油适量，干辣椒10克

做法

① 大肠洗净切段，用料酒、酱油腌渍；干辣椒、葱洗净，切段。

② 油锅烧热，下大肠炸至金黄，捞起待用。

③ 待底留少许油，下干辣椒、花椒爆香，放入炸好的大肠炒匀。

④ 放入葱段、盐炒香。

▌眉州香肠

⏰ 制作时间
20分钟

材料 香肠350克

调料 大蒜30克，红油、辣椒酱各适量

做法

①香肠洗净，切片。

②大蒜去皮，洗净剁成蒜蓉。

③将蒜蓉和红油、辣椒酱置于同一容器，搅拌均匀。

④将搅拌好的酱料倒在香肠上。

⑤搅拌均匀后摆盘。

⑥入蒸锅蒸熟即可。

▌川味腊肠

⏰ 制作时间
18分钟

材料 腊肠300克

调料 葱、蒜各5克，醋、红油各适量

做法

①腊肠洗净待用。

②葱洗净，切花。

③蒜去皮洗净，切末。

④蒸锅注水烧沸，将腊肠入蒸锅中蒸熟后取出，斜刀切片摆于盘中。

⑤锅置火上烧热，倒入红油、醋、蒜搅拌均匀，做成味汁。

⑥将味汁均匀地淋在腊肠上，撒上葱花即可。

蒜汁血肠

制作时间 **13分钟**

材料 血肠400克

调料 姜蒜汁15克，盐3克，酱油适量，醋适量，红油适量

做法

① 血肠洗净。

② 将姜蒜汁、盐、酱油、醋、红油调匀，制成调味汁。

③ 将血肠放入蒸锅，中火蒸约10分钟，熟透后取出，趁热切片，摆盘。

④ 将调味汁淋到摆好的血肠上，或沾调味汁食用。

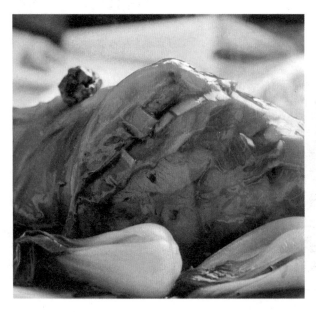

酱蒸猪肘

制作时间 **30分钟**

材料 猪肘400克，上海青50克

调料 盐、花椒粉、酱油、淀粉、蜂蜜各少许，葱花、姜末各适量

做法

① 猪肘治净，氽水后涂一层蜂蜜，入油锅中炸至上色捞出，肘子打花刀，装碗。

② 碗内放上葱花、姜末，调入花椒粉、酱油，入锅蒸熟后取出。

③ 锅内入水和淀粉烧开，加盐，浇在肘子上。

④ 上海青洗净，入沸水中滚烫，捞出沥水后摆肘子旁即可。

太白拌肘

⏰ 制作时间 **25分钟**

材料 猪肘、凉粉各300克，泡椒少许

调料 盐4克，酱油8克，料酒各10克，葱、蒜末、姜末适量

做法

①猪肘治净，切块。

②凉粉洗净切丁，焯水，摆盘。

③泡椒剁碎。

④猪肘入水锅，加盐、酱油、料酒煮好。

⑤油锅烧热，放泡椒、姜末、蒜末炒匀，做成味汁。

⑥起锅将味汁倒在肘子上，撒上葱花。

霸王肘子

⏰ 制作时间 **45分钟**

材料 猪肘400克

调料 盐、酱油、卤水、料酒、蜂蜜各适量

做法

①猪肘处理干净。

②锅置火上，注入适量清水，放入猪肘，烹入料酒、蜂蜜煮至八成熟，捞出。

③油锅烧热，下猪肘炸至金黄色，再入卤水锅中卤至熟透，盛盘。

④再热油锅，倒入卤汤，调入盐、酱油，做成味汁。

⑤起锅将味汁淋在肘子上即可。

麻辣沸腾蹄

制作时间 20分钟

材料 猪蹄500克，生菜适量

调料 辣椒油、盐、鸡精、芝麻各适量，干辣椒100克，花椒50克

做法

① 猪蹄洗净，氽去血水。

② 干辣椒洗净，切段。

③ 生菜洗净，摆盘底。

④ 锅注油烧至七成热，放入干辣椒、花椒、辣椒油、芝麻炒香。

⑤ 倒入猪蹄爆炒片刻，然后加适量清水焖煮至猪蹄熟。

⑥ 最后调入盐和鸡精，起锅倒在生菜上。

烤酱猪尾

制作时间 40分钟

材料 猪尾300克

调料 盐、酱油、料酒、香油各适量

做法

① 猪尾处理干净。

② 将猪尾放入碗中，用盐、酱油、料酒、香油腌渍30分钟备用。

③ 将腌好的猪尾入烤箱烤几分钟，取出，刷上一层香油。

④ 将猪尾入烤箱烤至熟透，取出摆盘即可。

酱猪蹄

制作时间 45分钟

材料 猪蹄500克

调料 盐3克，酱油15克，五香料适量

做法

① 猪蹄处理干净，剁块，入沸水中滚烫后捞出，沥水，待用。

② 五香料用纱布包好，做成香料包。

③ 锅置火上，注入适量，放入猪蹄至熟，捞出待用。

④ 放入五香料、盐、酱油和适量水烧开，放入猪蹄卤熟，装盘即可。

川辣蹄花

⏰制作时间 **25分钟**

材料 猪蹄700克

调料 花椒、盐、香油各3克，料酒2克，干辣椒100克，姜5克，蒜3克

做法

① 猪蹄洗净斩块，入沸水中汆烫。

② 姜洗净，切末。

③ 蒜去皮洗净，切菱形小片。

④ 干椒切段。

⑤ 猪蹄煮熟，再入油锅中炸至金黄色，捞出沥油。

⑥ 锅中留油炒香干辣椒、花椒、姜、蒜，再放猪蹄一起煸香。

⑦ 加入调味料炒匀即可。

醋香猪蹄

⏰制作时间 **40分钟**

材料 猪蹄300克，黄豆50克

调料 盐3克，醋15克，老抽10克，红油、味精少许

做法

① 猪蹄治净，切块。

② 黄豆洗净，煮熟装碗。

③ 辣锅内注水烧沸，放入猪蹄煮熟后，捞起沥干装入另一碗中，再加入少量盐、味精、醋、老抽、红油拌匀，腌渍30分钟后捞起装入盘中，再向装有黄豆的碗中加入剩余的盐、醋、老抽、红油拌匀后，装入盘中即可。

香辣扣美蹄

制作时间 20分钟

材料 猪蹄300克，青椒、红椒各20克，豆豉适量

调料 盐3克，花椒5克，酱油、料酒、醋各10克

做法

① 猪蹄洗净斩块，放入开水中煮至七分熟，捞出备用。

② 青椒、红椒洗净切圈。

③ 热锅上少许油，放入青椒、红椒、花椒、豆豉爆香。

④ 放入猪蹄翻炒均匀，淋上酱油、料酒、醋收汁。

⑤ 调入盐，出锅盛盘即可。

川东乡村蹄

制作时间 23分钟

材料 猪蹄500克，红尖椒1个

调料 蒜30克，红油20克，香油10克，盐5克

做法

① 猪蹄治净，放开水中氽熟，捞起沥干水，剔除骨，切成薄片。

② 蒜去皮，剁成蒜蓉。

③ 红辣椒洗净，切椒圈。

④ 锅烧热下油，下蒜蓉、辣椒圈爆香，下其他调味料和蹄片。

⑤ 加清水煮至入味。

夫妻肺片

制作时间 10分钟

材料 牛肉、牛肚各200克，尖椒适量

调料 盐3克，辣椒油15克，熟芝麻、花生米少许

做法

① 牛肉、牛肚洗净，切片。

② 将牛肉、牛肚分别放入沸水中氽熟，捞起沥水。

③ 青椒洗净，切圈。

④ 牛肉、牛肚一同放入碗中，加入椒圈、盐、辣椒油拌匀，装盘。

⑤ 撒上熟芝麻、花生米即可。

麻辣耳丝

⏰ 制作时间
17分钟

材料　猪耳350克，花生、芝麻各适量

调料　盐2克，花椒、辣椒油、葱各适量

做法

1 猪耳洗净，切丝。

2 葱洗净，切段。

3 锅注油烧热，放入花椒、花生、辣椒油、芝麻炒香。

4 加入猪耳爆炒至熟。

5 调入盐调味，撒上葱花，起锅装盘即可。

大刀耳片

⏰ 制作时间
20分钟

材料　猪耳400克，熟白芝麻适量

调料　盐3克，味精1克，酱油15克，红油20克，葱少许

做法

1 猪耳洗净，切片。

2 葱洗净，切花。

3 锅中注水烧沸，放入耳片煮至熟后，捞起沥干，装盘。

4 用盐、味精、酱油、红油调成汁，浇在盘中的耳片上。

5 撒上葱花、熟白芝麻即可。

花生耳片

制作时间 **15分钟**

材料 猪耳朵250克，花生适量

调料 姜末、蒜末、辣油、盐、酱油、香油、花椒粉各适量

做法

①猪耳朵治净，入沸水中煮熟后，捞出沥干，待凉，切片摆盘。

②花生仁捣碎。

③将姜末、蒜末、花生、辣油、花椒粉、盐、酱油、香油入碗拌匀。

④将拌匀的佐料淋在盘中的耳片上即可。

功夫耳片

制作时间 **20分钟**

材料 猪耳350克，胡萝卜100克

调料 盐2克，生抽10克，醋8克，酸梅酱少许

做法

①猪耳治净，挖去中部；胡萝卜洗净，切成圆片后酿入猪耳。

②猪耳放入蒸锅中蒸15分钟，取出切片装盘。

③用盐、生抽、醋制成一味碟，用酸梅酱制成一味碟，蘸食即可。

周庄酥排

⏰ 制作时间
80分钟

材料　排骨600克，排骨酱、蚕豆酱各5克

调料　葱3克，姜5克，糖10克，胡椒粉、桂皮少许

做法

① 将排骨洗净，斩成5厘米长的段；葱、姜洗净，切末。

② 用净水将排骨的血水泡净，沥干后加盐、葱姜、糖、胡椒粉、桂皮拌均匀。

③ 然后将排骨上蒸锅蒸1小时15分钟即可。

筷子排骨

⏰ 制作时间
16分钟

材料　牛排骨500克，红椒30克

调料　葱10克，盐、孜然、酱油、红油各适量

做法

① 牛排骨治净，斩件，入沸水中汆烫后，捞出沥干备用；红椒去蒂洗净，切丁；葱洗净，切花。

② 牛排骨入锅炸至五成熟后，捞出控油。

③ 锅留少许油，入红椒略炒，再放入牛排骨，加盐、孜然、酱油、红油、葱花炒至入味。

117

川式风味排骨

制作时间
15分钟

材料 猪排骨500克，红辣椒30克，白芝麻10克

调料 盐3克，姜、葱各10克，生抽、红油各适量

做法

① 猪排洗净，斩段，汆水。

② 红辣椒洗净，切丁。

③ 葱洗净，切花。

④ 姜去皮，洗净，切末。

⑤ 锅下油烧热，下姜、白芝麻爆香，放入猪排翻炒片刻，加适量水焖煮片刻，加入红辣椒一起炒，调入盐、生抽、红油后炒熟装盘，撒上葱花即可。

蒜香骨

制作时间
13分钟

材料 猪寸骨300克，面粉、苏打粉各适量

调料 盐6克，胡椒粉少许，生油1500克，蒜料适量

做法

① 猪寸骨洗净，用苏打粉腌1小时，泡水7小时；蒜头洗净放入搅碎机中加清水搅碎盛出。

② 将猪寸骨用蒜水浸8小时后捞起加入调味料腌5小时。

③ 蒜蓉下油锅炸至金黄色，捞起沥油。

④ 放入猪寸骨炸5分钟捞起上碟，撒上炸香的干蒜蓉。

馋嘴骨

制作时间
22分钟

材料 猪排骨500克，红辣椒50克，蒜苗30克

调料 盐3克，姜、蒜各5克，豆豉、老抽各适量

做法

① 猪排骨洗净，斩段，汆水。

② 红辣椒洗净，切丁。

③ 蒜苗洗净，切段。

④ 姜、蒜均洗净，切末。

⑤ 锅下油烧热，放入红辣椒、姜、蒜爆香，再放猪排骨翻炒，调入盐、豆豉、老抽、蒜苗炒熟，盛盘即可。

干锅白萝卜

⏰ 制作时间 **13分钟**

材料 白萝卜450克，五花肉300克，青椒、红椒各20克，干辣椒2克，姜片、蒜末、葱白各少许

调料 盐3克，老抽3毫升，白糖3克，水淀粉10毫升，料酒、豆瓣酱、辣椒酱、鸡粉和食用油各适量

食材处理

①将去皮洗净的白萝卜切段，再切成片。

②洗净的青椒对半切开，切成片。

③洗净的红椒切成圈。

④洗好的五花肉切片。

⑤锅中加约1000毫升清水烧开，加盐和少许食用油。

⑥倒入白萝卜拌匀，煮沸，捞出煮好的胡萝卜沥干水分备用。

做法

①用油起锅，倒入五花肉炒至出油。

②加入老抽、白糖炒匀。

③淋入料酒炒香。

④倒入姜片、蒜末、葱白、干辣椒、豆瓣酱、辣椒酱炒匀。

⑤倒入青椒和红椒拌炒匀，放入白萝卜，拌炒约1分钟至熟。

⑥倒入少许清水。

⑦加入鸡粉、盐调味，拌炒均匀使其入味。

⑧倒入少许水淀粉。

⑨快速拌炒均匀，盛入干锅中即可。

制作指导 加入调味料调味时，要将火候转至小火，以免食材糊锅了。

土豆香肠干锅

制作时间 **15分钟**

材料 土豆250克，香肠100克，姜片、蒜片各10克，干辣椒6克，葱段4克，葱白少许

调料 高汤、盐、味精、辣椒油、蚝油各适量

食材处理

1 香肠洗净，均匀切片。

2 土豆去皮洗净，切片。

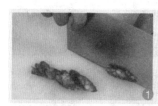

制作指导 土豆去皮后，立即放入清水中，加少许白醋浸泡，可以防止土豆变色。

做法

1 起油锅，放入姜片、蒜片炒香。

2 倒入香肠炒匀，加干辣椒、葱白炒香，倒入土豆片炒匀。

3 倒入高汤，烧开后再煮2分钟至香肠、土豆熟透。

4 加入盐、味精、蚝油，炒匀调味。

5 淋入辣椒油，拌匀。

6 撒入葱段炒匀，盛入干锅即成。

川式一锅鲜

⏰ 制作时间 **35分钟**

材料 排骨350克，香菇200克，墨鱼子100克

调料 高汤800克，泡椒20克，盐、青椒、鸡精各适量

做法

① 排骨洗净，斩段，氽去血水，捞起备用。

② 香菇泡发洗净，切块。

③ 墨鱼子洗净。

④ 锅注油烧热，放入泡椒、青椒、排骨、香菇、墨鱼子翻炒。

⑤ 注入高汤炖煮20分钟。

⑥ 调入盐和鸡精，起锅装煲中即可。

楼兰节节香

⏰ 制作时间 **28分钟**

材料 猪尾、黄豆芽各200克，猪腿肉100克

调料 盐、熟芝麻、葱花、干辣椒、泡椒各适量

做法

① 猪尾洗净，切段，氽去血水。

② 猪腿肉洗净切块，氽水。

③ 黄豆芽洗净，烫熟，装盘底。

④ 起油锅，下入干辣椒、泡椒炒香，再加入猪尾、猪腿肉爆炒，加适量清水用大火焖煮，调入盐、芝麻油，焖10分钟，出锅倒在黄豆芽上，撒上葱花和熟芝麻。

火焰排骨

⏰ 制作时间 **17分钟**

材料 鲜猪排骨250克，包菜丝50克

调料 盐5克，糖、花椒、白醋各3克，孜然2克，蒜蓉、辣椒面各适量，葱花5克

做法

① 猪排骨洗净煮好，斩块氽水待用。

② 排骨下油锅炸成金黄色，起锅；蒜蓉、辣椒面炒香，放入排骨，加调味料炒香，装盘。

③ 包菜丝用盐、糖、白醋拌成糖醋味，固体酒精入碟，点燃置于盘边，排骨边烤边吃。

粗粮排骨

⏰ 制作时间
17分钟

材料 猪排骨400克，红薯粉100克，玉米、碗豆、火腿丁各少许

调料 盐、海鲜酱各5克，味精3克

做法

①将排骨洗净，斩块，汆水，用红薯粉、盐拌匀，装入盘中蒸熟；玉米粒、碗豆均洗净。

②炒锅注油烧热，放入玉米粒、碗豆、火腿丁炒至熟，加盐、味精、海鲜酱炒入味。

③起锅倒在排骨上即可。

虹口大排

⏰ 制作时间
25分钟

材料 排骨、红椒

调料 盐3克，白砂糖5克，老抽、料酒、葱段、姜片、蒜末、豆豉各适量

做法

①将大排清洗干净，抹上盐和料酒腌渍。

②锅里放油，把大排放进去煸炒，煸到两面发白的时候捞出来，剩下的油放入葱、姜片、豆豉、蒜、红椒煸出香味。

③放入大排继续烧，加糖，开大火收汁，加鸡精，起锅摆盘。

江湖手抓骨

⏱ 制作时间
35分钟

材料 猪大骨500克，大白菜200克

调料 盐适量，葱白适量

做法

① 大骨头用开水过一下，去腥味；葱白洗净，切丝；大白菜洗净。

② 换水，将骨头和姜放入沸水中，小火煮20分钟后。

③ 放入大白菜，加盐调味。

④ 撒上葱白丝即可食用，用吸管吸骨髓时小心烫伤。

思乡排骨

⏰ 制作时间 **25分钟**

材料 猪排750克，青椒、红椒各1个

调料 豆豉20克，白糖3克，香油8克

做法

① 将猪排处理干净，斩件，入沸水锅中滚烫后捞出，沥水，备用。

② 青椒、红椒洗净切粒。

③ 锅置火上，入油烧热，下排骨炸至外酥内嫩，装盘。

④ 净锅下入香油、豆豉炒香，加入白糖、青椒、红椒起锅，淋在排骨上即可。

仔椒大排

⏰ 制作时间 **18分钟**

材料 排骨450克，青椒15克，红椒15克

调料 豆豉5克，盐5克，花椒粉少许，大蒜适量

做法

① 排骨洗净，斩块。

② 青椒、红椒均洗净，切圈。

③ 大蒜去皮，洗净切好。

④ 锅置火上，入油烧热，下入大蒜爆香，然后倒入排骨翻炒。

⑤ 再加少许花椒粉，下青、红椒圈和豆豉，炒至入味，待熟时，加盐调味即可。

川乡排骨

⏰ 制作时间 **25分钟**

材料 排骨400克，干豆角100克

调料 盐、花椒粉、辣椒酱、料酒、酱油各适量

做法

① 干豆角泡发，洗净。

② 排骨洗净，切长块，加盐、料酒、酱油腌渍，再用干豆角捆好。

③ 油锅烧热，入排骨炸至熟，摆盘。

④ 再热油锅，入辣椒酱炒香，调入盐、花椒粉、料酒炒匀，做成味汁。

⑤ 起锅将味汁淋在排骨上。

辣子跳跳骨

⏰ 制作时间 **23分钟**

材料　鸡肋骨300克，鸡蛋1个

调料　盐、料酒、白糖、葱段、姜片、花椒各10克，干辣椒200克

做法

① 鸡肋骨洗净，加盐、姜、葱，将鸡肋骨码入味，加入蛋黄拌匀。

② 锅置火上，入油烧至七成热，下鸡肋骨，炸至酥香待用。

③ 将干辣椒、花椒炒香，加入鸡肋骨和其他调味料，炒匀装盘即可。

水煮血旺

⏰ 制作时间 **30分钟**

材料　猪血300克，麦菜100克，芹菜段50克

调料　盐、豆瓣酱、干辣椒末、葱末、姜末、蒜末、香菜各适量

做法

① 麦菜洗净；猪血切片。

② 干辣椒末入锅炒香，加入豆瓣酱、姜末、蒜末爆香，再放入麦菜炒至断生，装碗。

③ 锅中加清汤，放入猪血煮熟，调入盐、葱末，盛碗。

④ 锅置火上，入油烧热，淋于其上即可。

乳香三件

⏰ 制作时间 **25分钟**

材料　猪肠、猪肚、猪舌各200克，香菜少许

调料　盐高汤800克，盐4克，红油、料酒、干辣椒各10克，葱少许

做法

① 猪肠、猪肚、猪舌均治净，汆水。

② 干辣椒洗净，切段。

③ 葱洗净，切花。

④ 锅注油烧热，放入干辣椒、猪肠、猪肚、猪舌爆炒，注入高汤和料酒炖煮10分钟。

⑤ 调入盐、红油调味。

⑥ 撒上香菜和葱花。

小提示 要将猪肝的筋膜除去，否则很难咀嚼，不易消化。

麻辣猪肝

制作时间
15分钟

材料 猪肝200克，花生100克，姜适量，花椒适量，葱适量

调料 盐5克，味精3克，干椒10克，淀粉、姜、花椒、葱适量

做法

1 猪肝入清水中浸泡半小时，捞出切成薄片；葱洗净切成葱花。

2 将干椒、花生、花椒入油锅炸出香味，下入猪肝片炒熟，加入盐、味精、葱花，用水淀粉调味即可。

鲜椒双脆

⏰ 制作时间 **20分钟**

材料 黄喉300克，泡红辣椒80克

调料 盐2克，辣椒酱、酱油、红油各适量

做法

①黄喉治净，切花刀，入沸水中氽一下水，捞出沥干备用。

②泡红辣椒切段。

③热锅下油，入黄喉翻炒片刻，放入泡红辣椒同炒。

④加盐、辣椒酱、酱油、红油炒至入味。

⑤加入清水煮沸，盛碗即可。

干锅腊味茶树菇

⏰ 制作时间 **22分钟**

材料 茶树菇300克，腊肉、泡椒、蒜薹各适量

调料 盐3克，酱油15克，料酒5克，红油各适量

做法

①茶树菇洗净；腊肉洗净，切片；泡椒、蒜薹分别治净。

②锅中注红油烧热，放入腊肉炒至半熟后，加入茶树菇、蒜薹、泡椒翻炒片刻。

③炒至熟后，加入盐、酱油、料酒炒匀，起锅铺在干锅中即可。

猪油渣炒空心菜梗 ⏰ 制作时间 **12分钟**

材料 空心菜梗200克，猪肥肉80克，蒜片少许

调料 盐3克，鸡粉、食用油各适量

食材处理

① 洗净的空心菜梗切3厘米长段。

② 肥肉洗净切片。

做法

① 用油起锅，倒入肥肉，改用小火，炒干油分。

② 将多余的油盛出。

③ 加蒜片炒香。

④ 倒入空心菜梗炒熟。

⑤ 加入盐、鸡粉炒匀调味，继续翻炒匀至入味。

⑥ 盛出装盘即可。

制作指导 翻炒空心菜梗时，要用大火，且炒制时间不可太长，以保证其脆嫩。

小炒猪心

⏰ 制作时间
15分钟

材料 猪心500克，蒜苗20克，红椒、蒜各少许

调料 盐3克，酱油15克，料酒10克

做法

① 猪心洗净，切片。

② 蒜苗洗净，切段。

③ 红椒洗净，切圈。

④ 蒜洗净，切末。

⑤ 蒜末入油锅炒香，放入猪心翻炒至变色，再放入红椒、蒜苗炒匀。

⑥ 倒入酱油、料酒炒熟，调入盐炒匀入味。

腊味合蒸

⏰ 制作时间
25分钟

材料 腊猪肉、腊鸡肉、腊鲤鱼各200克

调料 熟猪油、白糖、葱花各适量，肉清汤25克

做法

① 将腊肉、腊鸡、腊鱼用温水洗净，蒸熟后取出，将腊味切成大小略同的条。

② 取瓷碗一只，将腊肉、腊鸡、腊鱼分别皮朝下整齐排放在碗内。

③ 放入熟猪油、白糖和肉清汤上笼蒸烂。

④ 取出翻扣在大瓷盘中，撒上葱花即可。

辣椒猪皮

⏰ 制作时间
12分钟

材料 猪皮350克

调料 醋、酱油各5克，辣椒油、细砂糖各6克，香菜段、葱、辣椒各适量

做法

① 猪皮、葱及辣椒分别洗净，切丝。

② 锅倒入水、猪皮丝，氽烫至熟后捞出。

③ 将醋、酱油、辣椒油、细砂糖、热开水调成酸辣椒汁。

④ 将味汁淋在猪皮上，撒上葱丝、辣椒丝、香菜段一起拌匀即可。

辣炒大片腊肉

制作时间 **12分钟**

材料 腊肉400克

调料 盐、鸡精各3克，干辣椒、蒜苗各适量

做法

① 将腊肉治净，煮熟后切成大片；蒜苗摘洗净，斜切成段。

② 锅置火上，注入油适量烧热，下入干辣椒、腊肉炒至吐油。

③ 再下入蒜苗炒至断生。

④ 放盐、鸡精炒匀即可。

歪嘴兔头

制作时间 **15分钟**

材料 兔头500克，榨菜、白芝麻各适量

调料 盐3克，酱油20克，料酒10克，葱白少许，干辣椒适量

做法

① 兔头治净，切块。

② 榨菜洗净。

③ 葱白洗净，切段。

④ 干辣椒洗净，切圈。

⑤ 干辣椒炒香，兔头下锅翻炒，再放入榨菜、葱白、白芝麻炒匀。

⑥ 注入适量清水，倒入酱油、料酒炒至熟，调入盐拌匀，起锅装盘。

椒麻兔肉

制作时间 **30分钟**

材料 兔肉400克，蛋清，青椒、红椒各适量

调料 盐2克，生抽、醋各8克，姜、葱花、花椒、蒜少许

做法

① 兔肉洗净切块，用盐、生抽腌渍入味后以蛋清上浆。

② 青椒、红椒洗净切圈。

③ 蒜去皮拍碎。

④ 油锅烧热，下兔肉滑熟，锅注入清水，放入青椒、红椒及花椒、姜、蒜烧开。

⑤ 加入盐、生抽、醋调味，撒上葱花。

麻花仔兔

⏰ 制作时间 **20分钟**

材料 带皮仔兔1只，小麻花50克，菜心50克

调料 泡红椒10克，干辣椒8克、郫县豆瓣适量，盐5克，料酒、淀粉、大蒜、姜各5克

做法

① 蒜、姜洗净，切末。

② 将仔兔宰杀洗净，斩成条，用盐、蒜、姜、料酒、淀粉腌入味，过油，待用。

③ 菜心洗净焯水。

④ 锅至火上，放油，加入泡红椒等调味料烧至仔兔熟烂。

⑤ 将兔装入盘中，用菜心、小麻花围边点缀。

跳水兔

⏰ 制作时间 **50分钟**

材料 兔子1只

调料 盐3克，酱油15克，醋、红椒、葱各适量，青花椒40克

做法

① 兔子治净，汆去血水，斩块。

② 红椒洗净，切碎。

③ 葱洗净，切花。

④ 青花椒洗净。

⑤ 锅中注水，放入兔肉，再放入葱花、青花椒、红椒，用大火焖煮，调入盐、酱油、醋，拌匀即可起锅。

小提示 牛肉选择有点肥带点筋的最好，过瘦的牛肉煮好后肉质太柴。

竹网小椒牛肉

⏰ **制作时间**
15分钟

材料 牛肉300克，腰果80克

调料 盐3克，白芝麻15克，青椒适量，胡椒粉适量，干红辣椒50克

做法

① 牛肉洗净，切片，加盐腌渍片刻，在其表面裹上一层胡椒粉备用。

② 干红辣椒洗净，切段。

③ 青椒去蒂洗净，切段。

④ 锅下油烧热，入牛肉炸至熟后，捞出控油。

⑤ 锅留少许油，入腰果、干红辣椒、白芝麻、青椒炒香。

⑥ 放入炸好的牛肉炒匀，盛入盘中的竹网即可。

红油牛舌

⏰ 制作时间 **12分钟**

材料 牛舌、牛肚各200克，芹菜适量

调料 盐3克，老抽8克，熟芝麻、花生末少许

做法

① 牛舌、牛肚治净切片，入沸水中滚烫后捞出，沥水，备用。

② 芹菜洗净，切末。

③ 油锅烧热，下肚片、牛舌翻炒至熟，加入盐、老抽炒匀。

④ 出锅装盘，撒上芹菜、熟芝麻、花生末。

锅巴香牛肉

⏰ 制作时间 **70分钟**

材料 牛肉450克，锅巴适量，熟芝麻少许

调料 盐3克，红油、老抽、料酒、姜片、五香料各适量

做法

① 牛肉洗净，氽水，捞出沥干。

② 锅中注入清水，加入老抽、料酒、五香料和姜片。

③ 烧开后加入牛肉煮熟。

④ 将牛肉捞出后切片，装盘。

⑤ 最后摆上锅巴，淋上盐、熟芝麻和红油调成的味汁即可。

川湘卤牛肉

⏰ 制作时间 **15分钟**

材料 卤牛肉450克，黄瓜适量

调料 盐、生抽、姜蒜汁、味精各适量

做法

① 卤牛肉切片，装盘。

② 黄瓜治净，切片摆盘。

③ 将盐、味精、姜蒜汁、生抽一同入碗，拌匀，制成味汁。

④ 将味汁浇在牛肉上。

⑤ 将牛肉放入蒸锅中蒸软，出锅即可食用。

豆角黄牛肉

制作时间 15分钟

材料 黄牛肉300克，豆角200克，红椒50克

调料 盐3克，姜、蒜各5克，鸡精、料酒各适量

做法

1. 黄牛肉洗净切片，加料酒腌渍。
2. 豆角去头尾洗净，切小段。
3. 红辣椒洗净，切圈。
4. 锅下油烧热，下姜、蒜爆香，放入豆角、红椒翻炒。
5. 再放入黄牛肉煸炒片刻，调入盐炒熟，放鸡精略炒后装盘即可。

干拌牛肚

制作时间 15分钟

材料 牛肚350克，淀粉适量

调料 干辣椒末100克，盐、鸡精各适量

做法

1. 将牛肚洗净，切条、加盐、淀粉裹匀。
2. 锅置火上，入油烧热，下入牛肚，炸至表面金黄，捞出控油装盘。
3. 炒锅注油烧热，下入干辣椒末，盐、鸡精炒匀，做成味汁。
4. 起锅将味汁倒在牛肚上。

翡翠牛肉粒

制作时间 10分钟

材料 青豆300克，牛肉100克，白果仁20克

调料 盐3克

做法

1. 青豆、白果仁分别洗净沥干。
2. 牛肉洗净切粒。
2. 锅置火上，入油烧热，下入牛肉炒至变色，盛出。
3. 净锅再倒油烧热，下入青豆和白果仁炒熟，倒入牛肉炒匀，加盐调味即可。

▍麻辣腱子肉

⏰ 制作时间
30分钟

材料 牛腱子肉400克，黄瓜200克，红椒20克

调料 盐3克，料酒20克，辣椒油10克，蒜末5克，鸡精适量

做法

❶牛腱子肉洗净，入沸水锅中加盐和料酒煮熟，捞出沥干，切片，摆盘。

❷黄瓜洗净，切长条，焯水，摆盘；红椒洗净，切圈。

❸锅注油烧热，放入红椒、蒜末炒香，调入盐、鸡精和辣椒油，起锅浇在牛腱子肉上。

▍泡椒牛肉花

⏰ 制作时间
10分钟

材料 牛肉丸200克，泡椒100克

调料 盐2克，味精1克，酱油10克，水淀粉适量

做法

❶牛肉丸洗净，在顶端打上十字花刀；泡椒洗净。

❷油锅烧热，放入牛肉丸炒至变色，加入泡椒一起炒匀。

❸拌炒至熟后，加入盐、味精、酱油调味，用水淀粉勾芡后，起锅装盘即可。

金沙牛肉

⏰ 制作时间
20分钟

材料 牛里脊200克，面包糠50克

调料 盐、孜然粉各5克，胡椒粉、鸡精各3克

做法

① 将牛肉切成片，用盐、孜然粉、胡椒粉腌制入味，待用。

② 锅置火上，入油烧至六成热，放入入味的牛肉，炸好。

③ 加入鸡精，装盘。

④ 将面包糠放入四成热的油温中炸好，放在牛肉上即可。

酸汤肥牛

⏰ 制作时间
30分钟

材料 肥牛肉500克，青椒、红椒各50克

调料 盐3克，姜、蒜各5克，泡菜汁、料酒适量

做法

① 肥牛肉洗净，切薄片。

② 青椒、红椒均去蒂洗净，切圈。

③ 姜、蒜均去皮洗净，切末。

④ 锅内注水烧开，放入肥牛肉汆水，捞起，沥水，备用。

⑤ 锅下油烧热，下姜、蒜、青椒、红椒炒香，放入肥牛肉滑炒几分钟，调入盐、料酒、泡菜汁，煮熟装盘即可。

香辣牛肉丸

⏰ 制作时间
20分钟

材料 牛肉丸500克，豆皮100克

调料 盐、花椒、红油、酱油、水淀粉各适量，干辣椒30克

做法

① 干辣椒洗净，切段。

② 豆皮洗净，切条。

③ 锅内加水烧热，放入牛肉丸煮熟，捞出沥干。

④ 将油烧热，下花椒、干辣椒爆香，放牛肉丸、豆皮炒。

⑤ 然后加适量清水同煮，再调入盐、酱油、红油炒匀，用水淀粉勾芡。

水煮牛肉

⏰ 制作时间
13分钟

材料 牛肉250克

调料 料酒、水淀粉、盐、干辣椒、花椒各10克，红油、葱花各适量

做法

① 牛肉洗净切片，用水淀粉、料酒腌渍。

② 锅置火上，入油烧热，放入花椒、干辣椒炒香，入红油，加清水烧沸。

③ 放入牛肉片，加入其他调味料煮熟，出锅装盘，撒上葱花即可。

鸿运牛肉

⏰ 制作时间
16分钟

材料 牛肉350克，青椒、红椒、芝麻各适量

调料 葱花、盐、蒜末、辣椒油各适量

做法

① 牛肉洗净，蒸熟，取出切片，摆盘。

② 青椒、红椒分别洗净，均切丁。

③ 锅加油烧热，下入青椒、红椒、蒜末、芝麻炒香。

④ 加辣椒油、盐调味，注入适量清水，煮开后，倒在牛肉上。

⑤ 撒葱花即可。

干煸牛肉丝

⏰ 制作时间 **12分钟**

材料 牛里脊肉400克,芹菜75克

调料 姜丝、料酒、盐、酱油、郫县豆瓣酱、醋、花椒粉、芝麻油各适量,干椒20克

做法

① 将牛肉去筋洗净,切成丝。

② 芹菜洗净切成4厘米长的段；郫县豆瓣酱剁蓉。

③ 干椒切段。

④ 炒锅置旺火上,下油烧至五成热,下牛肉丝反复煸炒至干酥。

⑤ 将入姜丝、郫县豆瓣酱、料酒、芹菜等,在芹菜断生时调味装盘即成。

麻辣牛肉丝

⏰ 制作时间 **10分钟**

材料 牛肉500克

调料 盐、料酒、葱段、香油、花椒、姜片各少许,干辣椒段20克

做法

① 牛肉洗净切丝,用盐、料酒拌匀。

② 炒锅置旺火上,下菜油烧至七成热时,将肉丝放入油锅内,炸干水分捞出。

③ 将姜、葱煸出香味,烹入调味料,放入牛肉丝,小火收干水分,加干椒段、花椒翻炒均匀,淋上香油即成。

口水牛杂

⏱ 制作时间 **30分钟**

材料 牛杂400克，泡椒50克

调料 盐、花椒、料酒、酱油、红油各适量，干辣椒30克

做法

❶牛杂洗净，切片；干辣椒洗净切段；姜洗净切片；葱洗净，切花。

❷水烧热，入牛杂汆烫，捞出；油烧热，下花椒爆香，放牛杂煸炒，调盐、料酒、酱油、红油将牛肉炒熟，倒入适量清水煮沸，装盘。

铁板牛肉

⏱ 制作时间 **20分钟**

材料 牛肉500克，红椒20克，蒜薹50克

调料 孜然10克，盐4克，鸡精、味精各2克

做法

❶红椒去蒂去籽切碎。

❷蒜薹洗净切米。

❸牛肉略洗切成片后，入油锅滑散备用。

❹锅内留少许底油，放入红椒碎、蒜薹米炒香，加入牛肉片。

❺加入调味料炒至入味，盛出放入烧热的铁板里即可。

椒香肥牛

⏱ 制作时间 **35分钟**

材料 牛肉400克，黄豆芽300克

调料 红椒、蒜苗、青花椒、盐各少许

做法

❶牛肉洗净，切片。

❷黄豆芽洗净。

❸红椒洗净，切圈。

❹蒜苗洗净，切段。

❺青花椒洗净。

❻油烧热，放入青花椒炒香，加入牛肉和黄豆芽爆炒，再放入红椒和蒜苗同炒，加适量清水焖煮，调入盐调味，起锅装盘。

▍香笋牛肉丝

⏰ 制作时间
15分钟

材料 牛肉300克，笋干100克，红椒适量

调料 酱油、料酒、红油、盐、糖各适量

做法

1️⃣ 牛肉洗净切丝，用酱油和料酒腌渍片刻；笋干洗净泡发；红椒洗净切丝。

2️⃣ 油烧热，下牛肉炒至变色，盛出备用；另起锅注油，下笋干，调红油和糖炒至断生。

3️⃣ 将牛肉倒回锅中，加上红椒丝同炒至熟，最后加盐调味即可。

川味牛腱

⏰ 制作时间
14分钟

材料 牛腱肉400克，花生米30克，白芝麻20克

调料 盐、料酒、酱油、红油、卤水、葱各适量

做法

1️⃣ 牛腱肉洗净，汆水后捞出；葱洗净，切花。

2️⃣ 锅中加入卤水烧开，放入牛腱肉卤熟透后取出，切片，摆入盘中。

3️⃣ 油锅烧热，入花生米、白芝麻炒香，调入盐、料酒、酱油、红油拌匀，加入适量卤汁烧开，起锅淋在牛腱片上，撒上葱花即可。

家乡辣牛肚

⏰ 制作时间 **25分钟**

材料 牛肚、牛肉、猪舌各300克，熟花生200克

调料 辣椒粉、花椒、蒜、姜、桂皮、八角、白芝麻、香菜段各少许

做法

① 牛肚、牛肉、猪舌分别洗净，入锅煮熟后切成薄片；蒜、姜洗净切小块。

② 锅倒油烧热，倒入桂皮、八角、花椒、蒜、姜，爆香后捞出香料。

③ 将油倒入辣椒粉中，再倒入牛肚、牛肉、猪舌拌至入味后装盘。放入花生，撒上熟白芝麻、香菜段即可。

香辣牛蹄筋

⏰ 制作时间 **20分钟**

材料 牛蹄筋300克，芹菜10克

调料 盐、豆瓣酱、红油、卤水各适量

做法

① 牛蹄筋洗净，放入卤水中卤熟，捞出切成块；芹菜洗净，切丁。

② 热锅入油，下豆瓣酱炒香，然后倒入切好的蹄筋片、芹菜翻炒，调入红油和盐，翻炒均匀即可出锅。

泡椒蹄筋

制作时间 30分钟

材料 牛蹄筋、泡椒各90克，黄瓜、蒜苗各适量

调料 盐3克，味精1克，酱油10克，红油15克

做法

① 牛蹄筋洗净，切段；泡椒洗净；黄瓜洗净，切块；蒜苗洗净，切段。

② 锅中注油烧热，放入牛蹄筋炒至发白，倒入泡椒、黄瓜、蒜苗一起炒匀。

③ 再放入红油炒至熟，加入盐、味精、酱油调味，起锅装盘即可。

石烹牛骨髓

制作时间 40分钟

材料 牛骨髓50克，土鸡半只，芹菜25克，青椒、红椒各适量

调料 豆瓣酱、花椒、胡椒粉、红油、盐、料酒各少许

做法

① 牛骨髓洗净切段；土鸡洗净斩块；芹菜洗净切段；洋葱洗净切丝，葱洗净切段；姜、蒜洗净切片。

② 牛骨髓焯水，放入炖锅中，加土鸡、盐、料酒炖熟；炒锅上火，炒香豆瓣酱、花椒，加高汤，调入盐、胡椒，放入牛骨髓、芹菜、青椒、红椒，淋上红油即可。

红油肚花

⏰ 制作时间 **8分钟**

材料 猪肚300克

调料 盐3克，醋8克，生抽10克，芹菜、蒜各少许

做法

① 猪肚治净，切丝后入沸水汆熟，捞起晾凉，装盘。

② 芹菜洗净，切末；蒜去皮，切末。

③ 肚丝加入盐、醋、生抽、蒜末拌匀，撒上芹菜即可。

卤水金钱肚

⏰ 制作时间 **30分钟**

材料 金钱肚1只

调料 高汤、姜片、葱花、八角、桂皮、酱油、红糖、盐、鸡精各适量

做法

① 金钱肚洗净装盘，放入八角、桂皮入蒸锅，用中火蒸20分钟。

② 锅烧热，加高汤烧开，再放入姜片、葱花、酱油、红糖、盐、鸡精熬煮成卤水。

③ 油钱肚放卤水中卤至入味，取出装盘。

禽蛋类

◆禽蛋包括家禽和蛋类,其中家禽主要指鸡、鸭、鹅、鸽子等,常见的蛋类则有鸡蛋、鸭蛋、鹅蛋、鹌鹑蛋等。各种蛋类结构相似,蛋清中的氨基酸组成与人体接近,几乎能被人体完全吸收利用,是食物中最理想的优质蛋白质。

红油芝麻鸡

制作时间 **30分钟**

材料 鸡肉15克,芹菜叶少许,红椒圈少许

调料 盐3克,芝麻3克,辣椒酱7克,红油6克,料酒8克

做法

① 鸡肉治净,切块,用盐腌渍片刻;芹菜叶洗净备用。

② 水烧开,放入鸡肉,加盐、料酒去腥,用大火煮开后,转小火焖至熟,捞出沥干摆盘。

③ 起油锅,将所有调味料入锅做成味汁,浇在鸡肉上,用芹菜叶、红椒圈点缀即可。

重庆口水鸡

制作时间 **20分钟**

材料 三黄鸡1000克，熟芝麻适量

调料 醋、姜蒜汁、熟油辣椒、料酒、酱油、盐各适量

做法

①鸡洗净，斩成块，水开前加入料酒，放入鸡煮10分钟。

②捞出放入冰水冷却切块。

③起锅，熟油辣椒六成热时，放入酱油、姜蒜汁、盐、醋、熟芝麻。

④搅拌后淋在沥干的鸡肉上。

钵钵鸡

制作时间 **20分钟**

材料 童草鸡400克，葱花5克

调料 生抽、香油、糖、芝麻、盐各适量，辣椒油60克

做法

①将童草鸡洗净；葱、姜洗净切末。

②沸水中放入鸡烫至断生后取出，速浸入冷水，待冷却后去骨，切大块。

③将辣椒油、生抽、香油、盐、糖、芝麻调匀，加至鸡汤中煮沸，放入鸡肉，加入适量葱花即可。

白果椒麻仔鸡

制作时间 **40分钟**

材料 仔鸡500克，白果100克，泡椒50克

调料 盐、鸡精、料酒、辣椒油、青花椒、青椒圈各适量

做法

①仔鸡治净切块，加盐和料酒腌渍，入沸水中滚烫后，捞出，沥水。

②将油烧热，放入泡椒、青花椒炒香，加入仔鸡块翻炒，再放入青椒和白果同炒。

③加适量清水、盐、辣椒油炖煮20分钟，最后放入鸡精，起锅装盘。

麻酱拌鸡丝

制作时间 **12分钟**

材料 鸡胸肉200克，生姜30克，红椒15克，葱10克

调料 盐3克，鸡粉1克，芝麻酱10克，芝麻油、料酒各适量

食材处理

① 锅中加约1000毫升清水烧开，放入鸡胸肉。

② 加少许料酒后加盖烧开。

③ 将鸡胸肉煮10分钟至熟后捞出，放入碗中待凉。

④ 去皮洗净的生姜切成丝；洗净的葱切成丝；洗净的红椒切开，去籽，切成丝。

⑤ 鸡胸肉拍松。

⑥ 用手将鸡胸肉撕成丝。

做法

① 将鸡肉丝盛入碗中，加入红椒丝、姜丝、葱丝。

② 加盐、鸡粉、芝麻酱调味。

③ 搅拌至入味。

④ 将拌好的鸡丝盛入碗中。

⑤ 淋入少许芝麻油。

⑥ 摆好盘即成。

制作指导 鸡胸肉煮熟后可放入冰水中浸泡，让其迅速冷却，可使肉质更滑嫩。

红油口水鸡

⏰ 制作时间 **20分钟**

材料 鸡肉400克

调料 盐、生抽、葱、蒜、熟芝麻各少许，红油10克

做法

① 鸡肉治净，斩件后装盘。

② 葱洗净，切花。

③ 蒜去皮，切末。

④ 鸡放入蒸锅蒸10分钟，取出晾凉切块。

⑤ 将盐、生抽、红油、蒜末一同入碗，拌匀，调成味汁。

⑥ 将味汁浇在鸡肉上，撒上葱花、熟芝麻即可。

山城面酱蒸鸡

⏰ 制作时间 **35分钟**

材料 鸡肉400克，熟花生米100克

调料 盐、甜面酱、红油、红椒、花椒粉各适量，葱花3克

做法

① 鸡治净，入沸水中汆去血污，捞出沥干，斩块装盘；红椒洗净，沥干切末。

② 将甜面酱、盐、红油、花椒粉搅拌均匀制成味汁，浇在鸡肉上，放上花生米，撒上葱花、红椒末，入蒸锅蒸至鸡肉熟透。

太白鸡

⏰ 制作时间 **25分钟**

材料 清远鸡1只，冬笋条30克

调料 盐、料酒、红油、淀粉各少许，鲜花椒30克

做法

① 鸡宰杀，清洗干净，去内脏。

② 用盐腌渍入味。

③ 入锅煮至熟待用。

④ 锅中下入红油、鲜花椒，加汤及其他调味料与鸡入蒸锅中蒸至熟烂，倒出原汁，勾芡，浇在鸡身上即可。

川椒红油鸡

⏰ 制作时间 **20分钟**

材料 鸡肉400克，红辣椒30克

调料 葱、盐、红油、花椒各少许，酱油10克

做法

① 鸡肉洗净；红辣椒和葱分别洗净切碎；花椒洗净

备用。

② 锅中注水烧开，下入鸡肉煮至熟后，捞出切成块；油加热，下入红辣椒和花椒炒香，再加入盐、酱油、葱花和红油，放入鸡肉稍煮至入味即可。

芋儿烧鸡

⏰ 制作时间 **30分钟**

材料 鸡肉300克，芋头250克

调料 盐3克，泡椒20克，鸡精2克，酱油、料酒、红油各适量

做法

① 鸡肉洗净，切块。

② 芋头去皮，洗净。

③ 锅下油烧热，放入鸡肉略炒，再放入芋头、泡椒炒匀。

④ 加盐、鸡精、酱油、料酒、红油调味，加适量清水，焖烧至熟，起锅装盘即可。

飘香麻香鸡

⏰ 制作时间 **22分钟**

材料 鸡肉400克，熟白芝麻适量

调料 盐、料酒、淀粉、干辣椒、芹菜各适量

做法

① 鸡肉洗净，用料酒、淀粉、盐拌匀，裹上白芝麻。

② 芹菜、干辣椒洗净，切段。

③ 油烧热时，下鸡块炸至酥脆，起锅沥油。

④ 锅中留少许油，下入干辣椒爆香，放入鸡块翻炒。

⑤ 下入芹菜、盐翻炒熟即可。

棒棒鸡

⏰ 制作时间 **18分钟**

材料 鸡肉300克

调料 盐、酱油、辣椒、熟花生、红油各适量，姜块、葱段、葱花各5克

做法

① 鸡肉处理干净，放入有姜块和葱段的水中煮熟，取出。

② 用小木棒轻捶鸡肉，撕成丝放入盘中。

③ 将盐、酱油、辣椒、熟花生、红油一同入碗，拌匀，做成味汁。

④ 将味汁淋在装有鸡丝的盘中，撒上葱花即可。

川味香浓鸡

⏰ 制作时间 **20分钟**

材料 鸡肉300克

调料 辣椒、熟白芝麻、葱花、红油、盐各适量

做法

① 鸡肉洗净，加盐腌至入味。

② 锅中注水烧开，下入鸡肉煮熟后捞出沥干，切成大块，盛入碗中。

③ 红油加热后倒入碗中，撒上白芝麻、辣椒和葱花即可。

巴蜀老坛子

⏰ 制作时间 **720分钟**

材料 大凤爪、猪耳、黄瓜、胡萝卜、西芹各适量

调料 野山椒、指尖椒、醋、姜片、蒜片、葱段、白酒、白糖、盐各适量

做法

① 黄瓜、胡萝卜、西芹洗净切条；凤爪去趾后，焯水煮至七成熟；猪耳洗净切条。

② 野山椒、指尖椒剁碎，姜片和葱、蒜、白酒、白糖加水制成卤水。

③ 在卤水中下原材料泡上12小时即可捞出食用。

红油鸡爪

⏰ 制作时间 **50分钟**

材料 鸡爪400克

调料 盐、剁椒、蒜米、姜米、红椒米各少许，红油10克，味精2克

做法

① 将鸡爪斩去趾洗净，放入沸水中煮熟，捞出，剔去骨，装入盘中。

② 锅上火，放入适量油烧至四成热。

③ 放入蒜米、剁椒、姜米、红椒米炒香，调入盐、味精，淋入红油炒匀成汁盛出，浇淋入盘中鸡爪上即成。

双椒凤爪

制作时间 **60分钟**

材料 凤爪500克，泡山椒、红椒、西芹各50克

调料 花椒、白醋、白糖、盐、料酒各适量

做法

① 鸡爪洗净，去趾甲，入沸水锅煮10分钟。

② 锅内换水，放入料酒、花椒、盐、凤爪，以中小火焖熟。

③ 将泡山椒、白醋、白糖、盐、料酒加凉开水制成调味汁。

④ 将煮熟凉透的鸡爪、红椒、西芹浸入，放置半小时。

酸辣鸡爪

制作时间 **10分钟**

材料 鸡爪250克，生菜50克，红椒少许

调料 盐3克，醋6克，红油10克，香菜段少许

做法

① 鸡爪洗净，切去趾尖。

② 生菜取叶洗净，铺在盘底。

③ 红椒洗净，去籽切丝。

④ 将鸡爪放入沸水中煮熟，捞出晾凉，装盘。

⑤ 将盐、醋、红油一同入碗，拌匀，调成味汁，淋在鸡爪上。

⑥ 撒上红椒丝、香菜段即可。

川府老坛子

制作时间 **1天**

材料 鸡爪500克，彩椒、胡萝卜、莴笋各90克

调料 盐、醋各少许，姜、野山椒各20克

做法

① 所有原材料治净切好。

② 锅野山椒、盐、醋和姜片加入适量凉开水调成泡汁放入坛子。

③ 将鸡爪、胡萝卜、彩椒、莴笋放入泡汁中浸泡1天，食用时取出装盘即可。

馋嘴鸭掌

制作时间
18分钟

材料 鸭掌300克，黄瓜150克

调料 盐、酱油、干椒、蒜、花椒粉各少许

做法

① 将鸭掌洗净，切去趾甲；黄瓜洗净，切条；干椒洗净，切段；蒜去皮，洗净。

② 锅中倒油烧热，放入干椒、蒜爆香。

③ 再放入鸭掌、黄瓜炒匀，掺少许水烧干，再调入盐、酱油、花椒粉，炒熟即可。

双椒鸭舌

制作时间
15分钟

材料 鸭舌300克，野山椒80克

调料 油、料酒、酱油、糖、盐各适量

做法

① 将舌洗净，入水焯一下，去腥待用。

② 锅置火上，入油烧热，放入鸭舌翻炒，加料酒、酱油、糖翻炒三分钟后加水没过鸭舌，加野山椒，盖锅盖。

③ 用中火焖煮10分钟。

④ 开锅收汁。

⑤ 放盐翻炒后装盘。

木桶鸭肠

材料 鲜鸭肠300克，青红尖椒80克

调料 盐、糖、料酒、葱段、姜片、红油各少许

做法

①将鸭肠刮去油渍洗净。

②青红尖椒洗片切片。

③锅置火上，下入红油，将姜、葱、青红尖椒炒香。

④再放入鸭肠。

⑤加入盐、糖、料酒炒匀，装盘即可。

豆芽毛血旺

材料 鸭血400克，猪肚、黄豆芽、鳝鱼各50克

调料 干辣椒、料酒、醋、盐、红油各适量

做法

①将材料洗净，鸭血、猪肚切片，鳝鱼、干辣椒切段，黄豆芽焯水装碗。

②将油烧热，入干辣椒炒香，放入鸭血、鳝鱼、肚片和水炖煮15分钟。

③再调入盐、料酒、醋、红油调味，起锅倒在装有黄豆芽的碗中即可。

一品毛血旺

材料 鸭血500克，彩椒、胡萝卜、莴笋各90克

调料 盐、料酒、高汤、酱油、豆瓣酱、花椒、青椒各适量

做法

①所有原材料治净切好。

②油烧热，放入花椒、豆瓣酱炒香，加高汤熬成红汤后捞出渣；将鸭血、凤尾菇、牛百叶、青椒、胡萝卜、午餐肉等下入红汤煮熟，调入盐、料酒、酱油即可。

四川樟茶鸭

⏰制作时间 **130分钟**

材料 鸭子1只，樟树叶、花茶叶各20克

调料 盐、酱油、醋、五香粉各少许

做法

1️⃣ 鸭子治净；樟树叶、花茶叶分别泡水取汁，与盐、酱油、醋、五香粉拌匀成汁。

2️⃣ 将治净的鸭子放入盆中，倒入拌好的酱汁，腌渍2小时，再放入烤炉中烤熟。

3️⃣ 最后切成块，排于盘中即可。

口味野鸭

⏰制作时间 **50分钟**

材料 鸭子450克

调料 料酒、酱油、盐各3克，香菜段5克，番茄酱适量

做法

1️⃣ 鸭子治净，氽水，切块。

2️⃣ 水锅烧热，放入鸭子煮滚，入酱油、料酒、盐煮入味。

3️⃣ 关火浸泡30分钟，盛盘。

4️⃣ 淋上番茄酱。

5️⃣ 放上香菜段即可。

冬笋炒板鸭

⏰ 制作时间 **20分钟**

材料 板鸭250克，冬笋150克

调料 盐、酱油、香油、葱、辣椒各10克，味精2克

做法

① 板鸭治净，切成小块。

② 冬笋、辣椒洗净，切成小块。

③ 葱洗净，切成小段。

④ 油锅烧热，下入辣椒炸香，放入板鸭炒至香气浓郁。

⑤ 放入冬笋炒熟。

⑥ 下盐、味精、酱油、香油、葱调味，翻炒均匀，出锅盛盘即可。

泡菜鸭片

⏰ 制作时间 **13分钟**

材料 泡菜200克，鸭肉300克

调料 红辣椒5克，盐2克

做法

① 鸭肉洗净切片；泡菜切片；红辣椒洗净切段。

② 锅中倒油烧热，下入鸭肉炒至变色，加入泡菜炒匀。

③ 加盐和红辣椒炒至入味，即可出锅。

风味鸭脯肉

⏰ 制作时间 **12分钟**

材料 嫩鸭脯肉300克，红椒、青椒适量

调料 料酒、盐、鸡精各适量

做法

1. 红椒、青椒去蒂，洗净，切小片；鸭脯肉洗净切片，加料酒腌渍。
2. 热锅下油，下入红椒、青椒炒至酥软。
3. 下入鸭肉炒香，放入少许盐、鸡精，翻炒均匀。
4. 炒熟装盘即可。

巴蜀醉仙鸭

⏰ 制作时间 **40分钟**

材料 鸭500克，红椒10克

调料 盐、豆豉、蒜苗、啤酒、老抽各适量

做法

1. 鸭治净斩件，入沸水中滚烫，捞起沥水待用。
2. 红椒洗净，切成滚刀块。
3. 蒜苗洗净，切段。
4. 热锅入油，放豆豉炒香，加入鸭块炒至入味，再调入盐、老抽，放啤酒烧沸，放入红椒、蒜苗段，转小火煨至酥烂即可。

麻辣鸭肝

⏰ 制作时间 **20分钟**

材料 鸭肝400克

调料 盐、姜、酱油、豆瓣酱、料酒各适量

做法

1. 鸭肝洗净，切片。
2. 姜去皮，洗净切丝。
3. 热锅上油，下姜丝、豆瓣酱爆香，放入鸭肝翻炒。
4. 放入盐、料酒、酱油翻炒至熟，出锅装盘即可。

▍小炒鸭肠

⏰ 制作时间 **12分钟**

材料 鸭肠300克，芹菜100克

调料 青椒、红椒、酱油、醋、盐、味精、料酒各3克

做法

①鸭肠洗净，切成长段，入开水氽烫后沥净水；青椒、红椒洗净，切段；芹菜洗净，切段。

②炒锅倒油烧热，下入鸭肠翻炒，烹入料酒炒香，加青椒、红椒、芹菜炒至断生。

③加入酱油、味精、盐、醋炒至入味，起锅即可。

▍老干妈爆鸭肠

⏰ 制作时间 **15分钟**

材料 鸭肠300克，青椒、红椒适量

调料 盐、料酒、葱白各适量，老干妈豆豉辣椒酱10克

做法

①鸭肠治净，氽水后捞出，切段；青椒、红椒均洗净，切碎；葱白洗净，切小段。

②锅烧热，下入辣椒炸香，放入板鸭炒至香气浓郁，再放入冬笋炒熟。

③调入盐、料酒炒匀即可。

小炒鹅肠

⏰ **制作时间 13分钟**

材料 鹅肠350克，青椒片、红椒片各10克，生姜片、蒜末各15克，葱白少许

调料 盐、味精、辣椒酱、胡椒粉、料酒、蚝油各适量

食材处理

① 鹅肠用盐水洗净，切段。

② 锅中加水烧开，倒入鹅肠，汆至断生捞出。

制作指导 鹅肠用盐水洗净后，需沥干水分再炒，炒熟后立即出锅，这样炒成的鹅肠味道鲜美，爽脆可口。

做法

① 热锅注油，放入生姜片、蒜末煸香。

② 倒入鹅肠略炒，加料酒翻炒熟。

③ 加适量盐、味精、辣椒酱调味。

④ 倒入青、红椒片拌炒匀，再加少许蚝油提鲜。

⑤ 撒入适量胡椒粉，拌匀。

⑥ 出锅即成。

干锅乳鸽

⏰ 制作时间
13分钟

材料 鸽肉120克，青、红椒各25克，蒜苗15克，豆瓣酱20克，蒜末10克，姜片10克，葱段7克，干辣椒15克

调料 盐、鸡粉、料酒、水淀粉、辣椒酱、味精、生抽、生粉各适量

制作指导 鸽肉营养丰富，肉质细嫩，炸乳鸽时油温应控制在六成热，这样炸出来的鸽肉才更鲜嫩。

食材处理

①把洗净的乳鸽斩块。

②洗净的蒜苗切段。

③洗净的青椒、红椒切成片。

④斩好的鸽肉装入碗中，加盐、味精、料酒、生抽拌匀。

⑤撒入生粉，拌匀，腌渍10分钟。

⑥热锅注油，烧至五六成热，倒入鸽肉，炸至熟后捞出。

做法

①锅留底油，烧热。

②倒入蒜末、姜片煸香。

③放入青红椒片、干辣椒，翻炒香。

④倒入乳鸽，加料酒炒匀。

⑤放入辣椒酱炒出辣味。

⑥加入盐、鸡粉，再倒入少许清水翻炒匀。

⑦放入蒜苗，加入水淀粉。

⑧拌炒均匀。

⑨加入备好的葱段，拌炒至熟，盛到干锅中即可。

鸡蛋炒莴笋

制作时间 **12分钟**

材料 鸡蛋、莴笋各150克，红椒适量

调料 盐3克

做法

① 鸡蛋磕入碗中，搅匀；莴笋去皮洗净，切成菱形片；红椒洗净，切片。

② 油锅烧热，下鸡蛋煎熟盛起；锅内留油烧热，下莴笋、红椒翻炒片刻。

③ 倒入鸡蛋同炒，调入盐炒匀即可。

双椒皮蛋豆花

制作时间 **10分钟**

材料 皮蛋3个，豆花80克

调料 盐、酱油、青椒、红椒、葱花、熟芝麻各适量

做法

① 皮蛋去壳，切块，摆入盘中；青椒、红椒均洗净，斜切成片；豆花放皮蛋上。

② 油锅烧热，入青椒、红椒炒香，调入盐、酱油和适量清水烧开，出锅淋在皮蛋豆花上。

③ 撒上葱花、熟芝麻即可。

水产海鲜类

◆鱼肉富含动物蛋白质和磷质等，营养丰富，易被人体消化吸收；虾有补肾壮阳的功能；海藻类的含碘量为食品之冠。在烹饪方面，鱼、虾、蟹、贝等海鲜加热的时间都不宜太久，以免鲜味流失。

▎重庆水煮鱼

⏰ **制作时间** **20分钟**

材料 鱼1条，白菜适量

调料 盐适量，酱油适量，醋适量，干辣椒适量，葱适量，花椒适量

做法

❶鱼留头尾治净，切片；干辣椒洗净，切段；葱洗净，切花；白菜洗净，切片。

❷炒锅注油烧热，倒入清水，放入鱼片，用大火煮沸，再放入干辣椒、白菜、花椒一起焖煮。

❸再倒入酱油、醋煮至熟后，加入盐调味，起锅装盘，撒上葱花即可。

番茄酱煮鱼

⏰ 制作时间
12分钟

材料 鱼350克，番茄酱45克，熟芝麻8克

调料 盐3克，蚝油、葱各10克

做法

① 鱼治净，取鱼肉，切成薄片。

② 葱洗净，切成末。

③ 锅置火上，入油烧热，放入鱼肉稍炸，下入番茄酱煮3分钟。

④ 再加入盐、蚝油调味，撒上葱花、熟芝麻，盛盘即可。

猪肚煮鱼片

⏰ 制作时间
15分钟

材料 猪肚、鱼肉各250克，红椒适量

调料 花椒、葱白、盐、料酒、红油、酱油、干辣椒各适量

做法

① 猪肚治净，切小块；鱼肉治净，切片；葱白、红椒均洗净，切丝；干辣椒洗净，切段。

② 油烧热，入花椒爆香，放入猪肚翻炒，加水烧开，放入鱼片，加盐、料酒、红油、酱油调味，煮至熟盛盘，放入葱白、红椒丝即可。

川式风味鱼

⏰ 制作时间
14分钟

材料 鱼肉400克，青椒、红椒适量

调料 盐、料酒、姜各适量

做法

① 鱼肉洗净，切片，加盐、料酒腌渍。

② 姜洗净，切末。

③ 青椒、红椒均洗净，切圈。

④ 锅置火上，入油烧热，入姜末、青椒、红椒炒香。

⑤ 注入清水，再倒入鱼片煮熟。

⑥ 调入盐即可。

沸腾飘香鱼

⏰ 制作时间 **16分钟**

材料 草鱼片400克，淀粉、蛋白液各适量

调料 盐、姜、干辣椒、料酒、花椒各适量

做法

① 将鱼片用盐、料酒、淀粉和蛋白液抓匀。

② 锅加水，烧开以后将腌制好的鱼片一片片地放入，待鱼片变色以后关火。

③ 炒锅烧热后入油，放入姜、花椒粒、干辣椒煸炒。

④ 起锅浇在鱼片上即可。

沸腾水煮鱼

⏰ 制作时间 **20分钟**

材料 草鱼400克

调料 盐3克，料酒8克，香油、蛋清各适量，干红椒150克

做法

① 草鱼洗净切片，用盐、蛋清、料酒抹匀腌渍15分钟；干红椒洗净，切段。

② 锅内加入适量清水，放入鱼头、干红椒煮至沸腾，再下鱼片和葱段烫熟。

③ 加入盐调味，淋上香油即可。

飘香水煮鱼

⏰ 制作时间 **20分钟**

材料 鱼肉400克

调料 盐、酱油、醋、干辣椒、葱、花椒各适量

做法

① 鱼肉洗净，切片；干辣椒洗净，切段；葱洗净，切段。

② 锅中注水烧沸，再放入鱼片、干辣椒、花椒一起焖煮。

③ 再倒入酱油、醋煮至熟，加入盐调味，起锅装盘，撒上葱段即可。

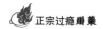

川香乌冬泼辣鱼

⏰ 制作时间 15分钟

材料 鲜鱼300克，上海青、乌冬面各适量

调料 红椒末、盐、葱花、蒜蓉、红油各少许

做法

❶ 乌冬面入沸水煮好，装盘待待用；鲜鱼洗净，取净肉切成片，汆熟放在乌冬面上。

❷ 上海青洗净，入沸盐水中烫熟备用。

❸ 锅中倒油加热，下入红辣末、葱花、蒜蓉、盐炒香，倒入红油加热，出锅淋在鱼肉上，以上海青围边即可。

川西泼辣鱼

⏰ 制作时间 13分钟

材料 鱼1条，白萝卜、熟花生米、黄豆、红椒各适量

调料 盐、花椒、料酒、红油、姜片、蒜片、醋各适量

做法

❶ 鱼治净，切片；白萝卜洗净，切小片。

❷ 锅下油烧热，下姜、蒜、花椒爆香，放入鱼炸至表皮起皱，注入凉水，放白萝卜、黄豆、花生米、红椒，调入盐、料酒、醋、红油煮熟，装盘即可。

川椒鳜鱼

⏰ 制作时间
15分钟

材料 鳜鱼600克，青椒、红椒各20克，花椒、姜片、蒜末、葱段各少许

调料 花椒油、盐、味精、白糖、鸡粉、生抽、水淀粉、生粉、食用油各适量

食材处理

① 青椒切片。

② 红椒切成片。

③ 宰杀洗净的鳜鱼撒上盐，再撒上生粉。

制作指导 炸制鳜鱼时要注意控制好油温，以免影响鱼肉肉质。

做法

① 热锅注油，烧至六成热，放入鳜鱼，炸至断生捞出。

② 锅底留油，倒入姜片、葱段、蒜末，倒入花椒爆香，再加入料酒。

③ 倒入适量清水，放入事先炸好的鳜鱼，倒入青、红椒，煮沸。

④ 淋入花椒油，加入盐、味精、白糖、鸡粉、生抽调味。

⑤ 将煮熟的鳜鱼盛出。

⑥ 原汤中加入水淀粉调成芡汁，淋入油拌匀，将芡汁浇在鱼肉上，撒入葱段即成。

雪菜蒸鳕鱼

⏰ 制作时间 **15分钟**

材料 鳕鱼500克，雪菜100克

调料 盐、黄酒、雪汁、葱花、姜米、味精各少许

做法

1️⃣ 鳕鱼去鳞洗净，切成大块；雪菜洗净切末。

2️⃣ 将切好的鱼放入盘中，加入雪菜、盐、味精、黄酒、葱、姜、雪汁，拌匀稍腌入味。

3️⃣ 将备好的鳕鱼块放入蒸锅内，蒸10分钟至熟即可。

红焖鲽鱼头

⏰ 制作时间 **18分钟**

材料 鲽鱼头1个

调料 盐、白糖、醋、料酒、老抽、味精、淀粉、鲜汤各适量，姜片10克，葱丝、蒜片各5克

做法

1️⃣ 将鲽鱼头去鳃洗净，对半切开，用盐、味精稍腌，拍上淀粉过油备用。

2️⃣ 油烧热，放入姜片、葱丝、蒜片炒香，加鲜汤，放鲽鱼头，烹入料酒、老抽焖制。

3️⃣ 焖至鱼头熟入味，调入盐、白糖、醋，再稍焖即可。

蜀东雪旺鱼

⏰ 制作时间 **15分钟**

材料 鱼600克，泡椒100克

调料 盐4克，酱油、醋、大蒜、干辣椒、葱花各适量

做法

① 鱼治净，切段。

② 泡椒洗净。

③ 炒锅注油烧热，倒入适量清水放入鱼煮至汤沸，再放入泡椒、大蒜、干辣椒焖煮至鱼肉断生。

④ 调入盐、酱油、醋煮至入味，起锅装碗，撒上葱花即可。

馋嘴鱼头

⏰ 制作时间 **30分钟**

材料 鱼头1个，野山椒50克

调料 盐、花椒、白芝麻、料酒、红油各适量，干辣椒100克

做法

① 将鱼头治净，用盐和料酒腌渍15分钟备用；干辣椒洗净，切小段。

② 油烧热，入鱼头炸片刻；油再烧热，放入盐、花椒、干辣椒、野山椒、白芝麻、红油爆香，倒入鱼头和少许水焖熟即可。

鸳鸯鱼头王

⏰ 制作时间 **25分钟**

材料 大鱼头1个，剁椒、朝天椒各100克

调料 盐5克，味精3克，料酒8克，陈醋4克

做法

① 将鱼头洗净，去鳞、鳃，剖开。

② 朝天椒剁碎。

③ 鱼头用所有调味料腌渍。

④ 将朝天椒炒出味。

⑤ 剁椒、朝天椒分别置于鱼头上面，再上笼蒸10分钟即可。

盘龙带鱼

⏱ 制作时间 **25分钟**

材料 带鱼500克

调料 盐、胡椒粉、料酒、蒜片、干红椒各适量

做法

① 带鱼治净，切连刀块，加盐、胡椒粉、料酒腌渍，盘入盘中；干红椒洗净，切段。

② 油锅烧热，入蒜片、干红椒炒香，起锅淋在鱼身上。

③ 将带鱼入锅蒸熟即可。

香辣扒皮鱼

⏱ 制作时间 **12分钟**

材料 鲜鱼400克

调料 盐、蒜瓣、葱段、淀粉、料酒各适量，干辣椒100克

做法

① 将鱼肉洗净扒皮去头，拌入盐、料酒腌渍；干辣椒洗净切段。

② 热锅下油，下入鱼肉过油捞出；锅中留油，下入干辣椒、蒜瓣炒出香味，再下入鱼肉同炒至金黄，调入盐炒匀，撒上葱段，用水淀粉勾芡即可。

鲜椒墨鱼仔

⏰ 制作时间 **18分钟**

材料 墨鱼仔400克，西芹、青椒、红椒各适量

调料 盐、熟芝麻、料酒、红油各适量

做法

①墨鱼仔治净；西芹洗净，切段；青椒、红椒均去蒂洗净，切圈。

②将墨鱼仔入油锅略炒几分钟，放入西芹、青椒、红椒同炒，加适量清水，调入盐、料酒、红油调味，煮至断生，盛盘。

③撒上熟芝麻即可。

莴笋墨鱼仔

⏰ 制作时间 **15分钟**

材料 墨鱼仔300克，莴笋100克

调料 盐、生抽、料酒、红油、姜片、野山椒各适量

做法

①墨鱼仔治净，入沸水中氽一下水，捞出沥干备用。

②莴笋洗净，切块，焯熟备用。

③锅中注油烧热，下姜片爆香，加入墨鱼仔，调入生抽、料酒和红油，稍炒。

④加入野山椒同炒。

⑤将盐和莴笋倒在锅中，炒熟即可。

椒盐刁子鱼

⏰ 制作时间 **24分钟**

材料 干刁子鱼300克，红椒、青椒、鸡蛋各1个

调料 椒盐、姜、盐、淀粉、花椒油各少许

做法

① 鱼干用清水浸泡；青椒、红椒洗净，去蒂切丁；姜洗净切粒，鸡蛋打入碗中，加淀粉、盐搅匀，再放入泡过水的鱼拌匀。

② 油烧热，入鱼炸至金黄色，捞出沥干油分；锅留油，爆香姜粒、青椒、红椒，加入炸过的鱼炒匀，调入调味料即可。

川府酥香鱼

⏰ 制作时间 **20分钟**

材料 鱼肉400克，酸豆角50克，胡萝卜80克

调料 盐、料酒、红油、干红椒、熟芝麻各适量

做法

① 所有原材料治净切好。

② 油锅烧热，入鱼块稍炸后盛出。

③ 再热油锅，入干红椒炒香，放入酸豆角、胡萝卜同炒。

④ 注入清水烧开，倒入鱼块同煮至熟，调入盐、料酒、红油拌匀。

⑤ 撒上熟芝麻。

铁锅山塘鱼

⏰ 制作时间 **20分钟**

材料 鲤鱼1条，上海青100克，泡椒50克

调料 盐3克，酱油5克，葱少许

做法

① 鲤鱼治净，切片。

② 上海青洗净待用。

③ 泡椒洗净，切圈。

④ 葱洗净，切花。

⑤ 锅内倒入适量清水，放入鱼头、泡椒煮沸，再下鱼片、上海青烫熟。

⑥ 加入盐、酱油调味，撒上葱花即可。

泡椒泥鳅

⏰ 制作时间 **12分钟**

材料 泥鳅180克，泡椒50克，水笋片20克，姜片15克，葱白少许

调料 盐、味精、料酒、蚝油、水淀粉各适量

食材处理

① 泥鳅宰杀洗净，加盐、味精、料酒拌匀腌制。

② 将泥鳅放入七成热的油锅中。

③ 慢火浸炸2分钟至熟，捞出。

做法

① 锅底留油，倒入姜片、水笋丝、葱白爆香。

② 倒入泥鳅，加料酒、盐、味精、蚝油翻炒调味。

③ 倒入泡椒炒匀。

④ 加水淀粉勾芡。

⑤ 翻炒匀。

⑥ 装盘即成。

制作指导 将鲜活的泥鳅放养在清水中，加入少许食盐和植物油，可以使泥鳅吐尽腹中的泥沙。

川江鲇鱼

⏱ 制作时间
17分钟

材料 鲇鱼1条，蒜、泡红椒各10克

调料 盐、郫县豆瓣、料酒、蒜、淀粉各少许

做法

① 将鲇鱼宰杀，去鳞、内脏，洗净切成条，用盐、料酒、水淀粉腌至入味。

② 油烧热，下入鱼条炸至金黄，捞起待用。

③ 锅中留油少许，爆香蒜、泡红椒，下入鱼条，再调入调味料，炒匀即可。

水煮仔鸡鲇鱼

⏱ 制作时间
20分钟

材料 仔鸡、鲇鱼各500克

调料 盐、葱花、姜丝、料酒、辣椒油各适量，干辣椒100克

做法

① 仔鸡和鲇鱼分别治净切块，分别加盐和料酒腌渍；干辣椒洗净。

② 仔鸡汆去血水，捞出待用；热锅加油，加入干辣椒和姜丝炒香，再放入仔鸡块翻炒，加适量清水，放入鲇鱼炖煮20分钟，调入盐、辣椒油，起锅装盘，撒上葱花。

喜从天降

⏰ 制作时间
20分钟

材料 鱼500克，红椒适量

调料 盐3克，味精2克，豉油15克

做法

①鱼肉治净，备用。

②红椒洗净。

③油锅烧热，下红椒爆香，加入盐、味精、豉油炒成味汁。

④加入鱼煎至表皮金黄。

⑤加适量清水，煮沸后即可。

泡椒目鱼仔

⏰ 制作时间
18分钟

材料 目鱼仔、泡椒各200克

调料 盐、味精各3克，酱油10克，红油15克

做法

①目鱼仔、泡椒洗净。

②锅中注油烧热，放入目鱼仔炒至收缩变色，倒入泡椒一起炒匀。

③放入红油炒至熟，加入盐、味精、酱油调味，起锅摆盘即可。

小提示 鲜鱼要炸至熟透金黄。

松子鱼

⏱制作时间
18分钟

材料 鲜鱼1条

调料 西红柿汁100克，白糖5克，盐适量，醋10克，淀粉适量

做法

❶鲜鱼宰杀治净。

❷去骨留头、尾，鱼肉切十字花刀。

❸鱼肉拍上淀粉，入锅炸至金黄色，置于盘中，淋上调味料拌成的糖醋汁即可。

家乡怪味鱼

制作时间 **18分钟**

材料 鲫鱼1条，青椒、红椒各适量

调料 盐3克，酱油、红油各8克，料酒10克

做法

① 鲫鱼治净，侧面划上花刀；青椒、红椒洗净，切成菱形块状。

② 油锅烧热，放入鲫鱼煎熟，捞出装盘。

③ 用余油炒香青椒、红椒，加入盐、酱油、红油、料酒炒匀。

④ 将味汁浇在鲫鱼上即可。

东坡脆皮鱼

制作时间 **18分钟**

材料 鲤鱼500克

调料 盐、姜、糖、葱、料酒、淀粉、香菜各10克

做法

① 鲤鱼治净，两面打上花刀；葱、姜洗净切碎；香菜洗净，切段。

② 鲤鱼用葱、姜、盐、料酒腌渍入味，拣除葱、姜，拍上干淀粉；油烧热，放入鲤鱼，炸至表皮酥脆装盘；锅中加糖炒匀，浇在鱼上，撒上香菜即可。

蜀香麻婆鱼

制作时间 **20分钟**

材料 鱼600克，熟白芝麻少许

调料 盐、酱油、醋、青椒、红椒、豆豉各适量

做法

① 鱼治净，切块；青椒、红椒洗净，切圈。

② 油锅烧热，下豆豉炒香，放入鱼块翻炒至变色，再放入青椒、红椒同炒。

③ 再倒入酱油、醋炒至熟后，加入盐调味，起锅装盘，撒上白芝麻即可。

飘香虾

⏰ 制作时间
15分钟

材料 鲜虾300克

调料 盐、红油、淀粉、干辣椒50克，蒜、葱各适量

做法

① 虾治净，用淀粉挂糊。

② 干辣椒洗净切段。

② 大蒜去皮洗净，切丁。

③ 葱洗净，切花。

④ 油烧热，下入鱼条炸至金黄，捞起待用。

⑤ 热锅入油，下入干辣椒、蒜爆香，放入虾，调入盐、红油炒匀，出锅装盘，撒上葱花即可。

隔水蒸九节虾

⏰ 制作时间
22分钟

材料 九节虾500克

调料 海鲜酱油100克

做法

① 九节虾用清水洗干净。

② 上笼蒸12分钟。

③ 将蒸好的虾整齐地排列在盘中，跟海鲜酱油上桌。

串烧竹篮虾

⏰制作时间 **20分钟**

材料　鲜基围虾200克，油辣椒15克

调料　盐、豉油、姜末、葱花、料酒各2克

做法

① 将鲜活基围虾去头，加调味料腌至入味，串上竹签待用。

② 将油锅里的油烧至四成热，放入基围虾，炸至外酥内嫩，起锅装盘。

③ 将油辣椒炒香，然后盖在炸好的基围虾上面，即可成菜。

椒盐鲜虾

⏰制作时间 **15分钟**

材料　虾400克，红椒2个

调料　盐、料酒、醋、水淀粉、葱、味精各适量

做法

① 虾治净，均匀沾裹上水淀粉；葱洗净，切花；红椒洗净，切丁。

② 锅中注油烧热，放入虾炸至金黄色，再放入盐、料酒、醋炒匀。

③ 最后加入味精调味，起锅装盘，撒上红椒丁、葱花即可。

天府多味虾

制作时间
15分钟

材料 虾500克，青椒、红椒各50克

调料 盐、花生米、红油、醋、淀粉各适量

做法

①虾洗净备用；青椒、红椒均去蒂洗净切圈。

②将虾摆好盘放入蒸锅，蒸熟后取出。

③锅下油烧热，下花生米炒香，放入青椒、红椒略炒，调入盐、红油、醋、淀粉炒匀，起锅均匀地淋在虾上即可。

香辣盆盆虾

制作时间
13分钟

材料 虾300克

调料 盐3克，蒜5克，醋、红油各适量

做法

①虾洗净备用。

②蒜去皮洗净，切末。

③锅下油烧热，下蒜爆香，再放入虾，将虾炸至表皮呈金黄色。

④调入盐、醋炒匀，加适量清水，倒入红油，将虾煮熟出锅即可。

▌酸辣大虾

⏱ 制作时间
13分钟

材料 活大虾300克，酸豆角50克，指天椒5克

调料 料酒、胡椒粉、辣椒油各10克，盐5克

做法

① 将活虾洗净，焯水至熟后装入盘中。

② 锅置火上，注少许油烧热，放入酸豆角、指天椒。

③ 调入调味料，加适量水烧开。

④ 将制好的调味料浇在大虾上，再淋上辣椒油即可。

▌口味土龙虾

⏱ 制作时间
12分钟

材料 淡水龙虾500克

调料 盐4克，蚝油10克，豆瓣酱20克，干辣椒碎10克

做法

① 将龙虾择洗干净，入热油锅中炸香捞出。

② 锅内留适量底油，放入干辣椒碎炒香，放入龙虾炒匀。

③ 加入少许水，调入盐、蚝油、豆瓣酱，炒至入味即成。

▌富贵鲜虾豆腐

⏱ 制作时间
20分钟

材料 鲜虾、豆腐、腊肉各100克，白果30克

调料 盐、红油、料酒、泡椒、青椒、红椒各适量

做法

① 所有原材料治净切好。

② 锅置火上，入油烧热，放入青椒、红椒、泡椒、白果炒香。

③ 加入虾肉和腊肉同炒至熟，放入豆腐，注入适量清水煮开。

④ 调入盐、红油、料酒调味，起锅装盘。

泡椒基围虾

⏰ 制作时间 **10分钟**

材料 基围虾250克，泡椒150克，香芹10克

调料 味精、鸡精各3克，料酒10克，咖啡糖、姜、盐各适量

做法

① 基围虾洗净过沸水；泡椒洗净去蒂；香芹洗净切棱形片；姜洗净切片。

② 锅放少许油，入姜、香芹、泡椒、基围虾炒至八成熟。

③ 调入盐、味精、鸡精、料酒、咖啡糖，翻滚2分钟即可起锅装盘。

香辣小龙虾

⏰ 制作时间 **15分钟**

材料 九江小龙虾600克

调料 鸡精3克，胡椒粉5克，茴香10克，盐4克，老抽9克，蒜、姜各5克

做法

① 龙虾洗净，过沸水1~2分钟后捞出，再入油锅炸2~3分钟，捞出待用；蒜姜洗净切末。

② 锅留少许油，下蒜、姜煸炒香，再下龙虾，加少许水。

③ 调入盐、鸡精、胡椒粉、茴香、老抽，用大火焖8分钟即可。

香锅蟹

⏰ 制作时间
13分钟

材料 蟹500克，红椒200克

调料 盐、料酒、高汤、胡椒粉各少许，葱、香菜各5克

做法

❶蟹治净，剁成块；红椒、香菜分别洗净，香菜切段；大葱取葱白，洗净切段。

❷油锅烧热，下红椒炝香，烹入料酒，倒入高汤、蟹同煮。

❸将熟时加入盐、胡椒粉调匀，盖上锅盖稍焖，盛盘前撒上葱白、香菜。

红汤煮蟹

⏰ 制作时间
15分钟

材料 蟹3只，红椒50克

调料 盐、醋、料酒、红油各适量，香菜少许

做法

❶蟹治净，斩块；红椒洗净，切段；香菜洗净备用。

❷油锅烧至三成热，下红椒炒香，再放入蟹炒至蟹壳呈火红色。

❸锅中烹入料酒略煮片刻，调入盐、醋，淋上红油，最后撒上香菜。

香辣蟹

⏰ 制作时间
12分钟

材料 大闸蟹1只

调料 盐、料酒、干辣椒、蒜、火锅底料各少许，葱3克，姜片3克

做法

① 蟹洗净，斩块，再入油锅中炸至金黄色；葱洗净，切花；干辣椒切段。

② 油烧热，放入干辣椒、姜、蒜、葱、火锅底料炒香。

③ 加入炸好的蟹一起炒，再调入盐、料酒，炒至入味即可。

辣酒煮花螺

⏰ 制作时间
18分钟

材料 花螺300克

调料 干辣椒、花椒、豆瓣酱、葱、红油各适量，白酒或黄酒200克

做法

① 将花螺洗净；葱洗净切段。

② 用油把干辣椒爆香，加水和红油，放入花椒，慢火煮十分钟。

③ 放入豆瓣酱和酒，水开后放入花螺，小火煮3分钟左右，放入葱段即可食用。

春秋田螺

⏰ 制作时间
15分钟

材料 田螺400克，洋葱、紫苏各15克，青椒、红椒适量

调料 料酒、盐、淀粉各少许，干辣椒、姜、蒜各适量

做法

❶田螺去壳洗净；红椒、青椒洗净切碎；洋葱洗净切碎；姜、蒜洗净斩成粒。

❷田螺焯水过油待用，锅内留油，干辣椒节爆香后下入姜蒜、红椒、青椒、洋葱，以旺火翻炒，下田螺，调入盐，烹入料酒，放入紫苏，勾芡即成。

竹篱爆螺花

⏰ 制作时间
30分钟

材料 螺350克

调料 盐、味精、酱油、姜、红油、料酒、辣椒、大蒜各适量

做法

❶螺治净，取螺肉，放盐、味精、酱油、料酒腌20分钟；辣椒洗净，切段；大蒜、姜洗净，去皮，剁碎。

❷锅置火上，放油烧至七成热，下入辣椒、大蒜、姜爆香，放螺肉炒熟。

❸放盐、酱油、红油翻炒均匀，大火收汁，盛入竹篱即可。

小提示 腹胀者不宜食用此菜。

辣子福寿螺

⏰ 制作时间
14分钟

材料 鲜活福寿螺500克，泡椒适量

调料 盐、豆瓣、火锅底料、干椒、香料、姜末、葱各适量

做法

① 将鲜活福寿螺洗净，汆水后备用。

② 将豆瓣、泡椒、姜、葱炒香，加入火锅底料、福寿螺、盐、香料烧入味。

③ 再放入老油、干辣椒炒香即成。

钵仔鳝段

⏰ 制作时间 **20分钟**

材料　鳝鱼300克，西芹、红椒各适量

调料　盐、生抽、香油、香菜、熟芝麻各少许

做法

❶鳝鱼治净，斩段入水焯熟去腥，沥干装盘；西芹、红椒洗净切片，入沸水汆熟，捞出摆盘。

❷油锅烧热，加入盐、生抽、香油炒匀，调成味汁，将味汁淋在鳝段上，摆上西芹和红椒，最后撒上香菜、熟芝麻。

老四川煮鳝背

⏰ 制作时间 **15分钟**

材料　鳝鱼450克，火腿100克

调料　盐、干红椒、酱油、料酒、清汤各适量

做法

❶鳝鱼治净，沥干切段；火腿切片。

❷锅中注油烧热，下鳝鱼炒至变色，加入酱油、料酒稍炒后加入清汤和干红椒烧开。

❸加入火腿，调入盐，再次烧开即可。

青椒炒鳝鱼

⏰ **制作时间 14分钟**

材料 净鳝鱼肉200克，青椒40克，洋葱丝、姜丝、蒜末、葱段各少许

调料 盐3克，味精2克，鸡粉、料酒、生粉、蚝油、辣椒油、水淀粉各适量

食材处理

① 锅中注水烧开，入鳝鱼肉汆烫片刻，取出。

② 将洗好的青椒切丝；将鳝鱼切丝。

③ 鳝鱼丝加盐、味精、料酒、生粉拌匀腌渍。

④ 油锅烧热，入鳝鱼丝，炸约1分钟至断生捞出。

制作指导 鳝鱼入开水锅中汆烫时，可适量加入料酒，以便有效去除鳝鱼的腥味；另外，鳝鱼浸烫到表皮稍有破裂，鳝体微有弯曲最为适宜，这样烹制好的鳝鱼鲜美脆嫩。

做法

① 锅留底油，入洋葱、姜丝、蒜末、青椒丝炒香。

② 倒入鳝鱼丝。

③ 加盐、味精、鸡粉、蚝油、辣椒油、料酒炒入味。

④ 加水淀粉勾芡。

⑤ 撒入葱段拌匀。

⑥ 盛入盘内即可。

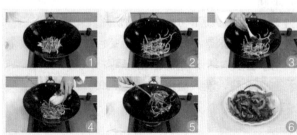

香辣福寿螺

⏰ 制作时间 **15分钟**

材料 田螺600克

调料 盐3克，酱油、醋、辣椒粉、香菜各少许

做法

① 田螺治净。

② 香菜洗净切段。

③ 油烧热，放入田螺翻炒，再放入辣椒粉、酱油、醋炒匀。

④ 加入适量清水煮至汁浓时，加入盐调味，起锅装盘。

⑤ 撒上香菜即可。

美人椒鳝段

⏰ 制作时间 **17分钟**

材料 小尖椒300克，鳝段300克

调料 盐4克，料酒、干椒节、花椒各适量

做法

① 鳝段切上一字花刀。

② 小尖椒去蒂洗净。

③ 锅置火上，注油适量，烧至六成油温，下入鳝段炸至紧皮。

④ 油锅中倒入小尖椒稍炸。

⑤ 底锅留油，炒香干椒节、花椒，下入鳝段、小尖椒，下入调味料炒入味即可。

水煮肚条鳝段

⏰ 制作时间 **16分钟**

材料 猪肚、鳝鱼各200克

调料 盐、辣椒粉、红油、辣椒油各适量

做法

① 猪肚洗净，切条，汆水；鳝鱼治净，切段。

② 炒锅注油烧热，放入猪肚、鳝段爆炒，注入适量清水煮开。

③ 调入盐、辣椒粉、红油、辣椒油，煮熟后起锅装盘。

干煸鳝鱼

⏰ 制作时间
17分钟

材料 鳝鱼400克，香芹200克，红椒适量

调料 盐、姜、熟芝麻、生抽、料酒各适量

做法

① 鳝鱼治净切段；香芹洗净切段；红椒洗净切段；姜洗净，沥干切片。

② 油烧热，下姜片爆香，加入鳝鱼，调入生抽和料酒，炒至变色后加入香芹和红椒同炒，待味汁炒干时加入盐和熟芝麻，继续炒匀，起锅即可。

红粉鳝段

⏰ 制作时间
30分钟

材料 鳝鱼400克，豆芽200克

调料 盐、红油、葱、酱油、料酒、清汤各适量，蒜5克

做法

① 鳝鱼治净，沥干切段；豆芽洗净，沥干备用；葱洗净切葱花；蒜洗净切末。

② 锅中注油烧热，下蒜末爆香，加入鳝鱼，调入酱油和料酒，炒至变色后加入清汤和红油，烧开后下豆芽同煮。

③ 加盐调味，撒上葱花，起锅即可。

宁式鳝丝

⏰ 制作时间
20分钟

材料 鳝鱼300克，熟笋丝100克，韭芽白50克

调料 盐4克，料酒、酱油、胡椒粉、白汤、水淀粉各25克，白糖2克，葱段少许，熟菜油75克，姜丝5克

做法

① 鳝鱼用沸水氽至嘴张开，略晾，用硬竹片划折去脊骨；韭芽白洗净。

② 将鳝鱼切成5厘米长的段；韭芽切成略短的段；炒锅置中火上，下菜油烧至八成热，投入葱白段煸出香味，下鳝段、姜丝煸炒，烹上料酒，加盖稍焖。

③ 加入酱油、白糖翻炒，放入笋丝和白汤稍烧，加入韭芽白、葱段、盐炒匀，用水淀粉勾芡，颠锅盛入盘中，撒上胡椒粉即可。

鲜椒泥鳅

⏰ 制作时间
30分钟

材料 泥鳅250克，红椒60克，酸菜30克

调料 胡椒2克，花椒油10克，葱花、鲜汤、盐各适量，姜、蒜各5克

做法

① 泥鳅剖杀，去头，洗净；红椒洗净切段；酸菜切条；姜、蒜洗净切米。

② 锅内放入油烧热，入姜末、蒜米炒香，再下红椒段炒上色，续放酸菜略炒。

③ 再加入鲜汤、泥鳅、盐、胡椒，用小火煮至泥鳅熟，加入花椒油，撒上葱花即可。

酥炸牛蛙腿

制作时间
14分钟

材料　牛蛙3只，鸡蛋1个，面包糠20克

调料　盐5克，酱油5克，味精3克

做法

① 牛蛙去内脏洗净，取腿切段，用盐、味精、酱油腌渍入味。

② 鸡蛋打散，将牛蛙腿挂上一层蛋糊，再粘上面包糠待用。

③ 锅上火，加油烧热，下入牛蛙腿炸至表面呈金黄色，捞出即可。

干煸牛蛙

制作时间 **25分钟**

材料 牛蛙肉500克

调料 盐4克，豆瓣50克，大蒜6克，麻辣油、花椒油各10克，干椒50克，姜9克，葱10克

做法

① 干椒、姜、葱洗净，将干椒切段，姜去皮切片，葱切段。

② 将牛蛙洗净切件，入油锅炸干备用；油锅烧热，将干椒、姜片、葱段、大蒜、豆瓣炒香。

③ 放入牛蛙，调入盐，浇上麻辣油、花椒油，炒匀入味即可。

丝瓜烧牛蛙

制作时间 **30分钟**

材料 牛蛙500克，丝瓜1根，蛋清2个，泡椒蓉20克，豆瓣10克，野山椒30克

调料 盐4克，淀粉10克，味精2克，胡椒粉5克，醋10克，青鲜花椒油10克，鲜汤300克

做法

① 牛蛙剥去皮，去内脏，洗净斩件，用盐、淀粉、蛋清码味，过沸水。

② 丝瓜去皮、籽，洗净切块，放入烧热的油锅中泡至稍黄，取出。

③ 锅上火，倒入油烧热，放入豆瓣、泡椒蓉、野山椒炒香，加入鲜汤煮出味，滤掉渣，调入盐、味精、胡椒、醋，加入牛蛙、丝瓜烧入味，用大火收汁后淋上青鲜花椒油即可。

剁椒水煮牛蛙

制作时间 23分钟

材料 牛蛙400克，剁椒50克

调料 花椒、香菜段、盐、醋、料酒、红油各适量

做法

1 牛蛙治净，斩块。

2 红椒洗净，切段。

3 香菜洗净备用。

4 油烧热，下剁椒、花椒炒香，再放入牛蛙炒至半熟。

5 锅中烹入料酒、清水煮熟，调入盐、醋，淋上红油，最后撒上香菜段。

西芹烧牛蛙

制作时间 20分钟

材料 牛蛙350克，西芹200克，泡椒适量

调料 盐、红油、酱油、料酒、花椒、鸡精各适量

做法

1 牛蛙治净，切成块。

2 西芹洗净切段。

3 油烧热，下牛蛙，调入酱油、料酒和红油，炒至变色。

4 加入泡椒、花椒和西芹稍炒，倒入适量水烧至熟透。

5 加盐和鸡精调味即可。

酱香牛蛙

制作时间 20分钟

材料 牛蛙300克，莴笋、鲜笋各50克

调料 盐、酱油、红油、青椒、红椒、香菜段各适量

做法

1 牛蛙治净，剁块；莴笋去皮，洗净切条；鲜笋洗净切段；青椒、红椒洗净，切圈。

2 油烧热，放入牛蛙炒至断生，下莴笋、鲜笋及青椒、红椒同炒至熟，加盐、酱油调味，淋上红油后撒上香菜段。

荷叶蒸牛蛙

⏱ 制作时间 **22分钟**

材料 牛蛙500克，荷叶、香菇、枸杞、红枣各10克

调料 盐、胡椒粉、姜片、葱段、红椒丝、料酒、蚝油、味精、鸡精各3克

做法

❶牛蛙去爪、皮和内脏，洗净切小块，用料酒、葱、盐腌渍几分钟；荷叶用开水泡软，垫入笼底。

❷将腌好的牛蛙加入味精、鸡精、蚝油、胡椒粉、香菇、油、枸杞、红枣拌匀，再装入笼中铺好。

❸入笼蒸7分钟至牛蛙熟，出笼撒上葱、红椒丝，淋上热油即可上桌。

口味水鱼

⏱ 制作时间 **25分钟**

材料 水鱼1只，辣椒、火腿各30克

调料 盐、紫苏、红油、豆瓣、姜片、蒜各4克

做法

❶水鱼宰杀洗净，斩块；火腿、辣椒洗净切块。

❷将水鱼块下入沸水中汆水，捞出入三成油温中稍炸，捞出沥油待用。

❸将姜、蒜爆香，下入豆瓣、水鱼块，煸干水分，下入紫苏、大蒜、水及调味料烧至入味即可。

荷叶蒸水鱼仔

⏰ 制作时间 **25分钟**

材料 水鱼1只，香菇、枸杞、红枣、荷叶各适量

调料 盐5克，料酒、老抽、姜片、葱花、陈皮、清油、红椒丝各适量

做法

① 把鲜活水鱼宰杀，去内脏，切成2厘米见方的小块；其他材料洗净切好。

② 入沸水中过水，沥干水分后用料酒、姜、葱、盐码味，再依次加入老抽、陈皮、清油、香菇、枸杞、红枣，垫上荷叶，入笼旺火蒸制20分钟左右，出笼后置于盘内，放上红椒丝，浇上热油上桌即成。

川式爆甲鱼

⏰ 制作时间 **25分钟**

材料 甲鱼500克，小白菜、青椒、红椒各适量

调料 盐3克，味精2克，胡椒粉5克，大葱少许

做法

① 甲鱼治净，斩块，氽水后捞出；小白菜洗净，放入沸水中焯熟，捞起铺在盘底；青椒、红椒洗净，切段；大葱洗净，切碎。

② 油锅烧热，放入甲鱼爆炒至熟，下青椒、红椒及大葱翻炒。

③ 加入盐、胡椒粉、味精调味，出锅装盘。

红汤乌龟

⏰ 制作时间
35分钟

材料　乌龟300克，红椒适量

调料　盐、胡椒粉、料酒、红油、辣椒酱、葱、姜各适量

做法

① 乌龟治净，切块；红椒洗净，切圈；葱洗净，切段；姜洗净，切末。

② 油锅烧热，放入乌龟块稍炒，加入红椒、姜末、辣椒酱同炒片刻，注入适量清水烧开。

③ 调入盐、胡椒粉、料酒、红油煮至熟且入味，撒入葱段即可。

川酱蒸带子

⏰ 制作时间
15分钟

材料　带子100克，青椒、红椒各20克

调料　料酒、胡椒粉、盐、麻辣酱各适量

做法

① 带子洗净，剥去衣膜和枕肉，横刀切成两半；青椒、红椒洗净，切粒备用。

② 带子撒上料酒、盐、胡椒粉，上锅蒸熟。

③ 油锅烧热，放入青椒、红椒爆香，加麻辣酱炒好，浇在蒸好的带子上即可。

泡椒鱿鱼花

⏰ 制作时间
20分钟

材料 鱿鱼450克，泡椒适量

调料 盐、料酒、红油、水淀粉、香菜、姜片、生抽各适量

做法

① 鱿鱼治净沥干，在表面打花刀，再切小块。

② 姜洗净切片。

③ 香菜洗净切段。

④ 锅中注油烧热，下姜片爆香，加入鱿鱼，调入生抽、料酒和红油，稍炒后加入泡椒同炒。

⑤ 将盐加入水淀粉中，搅匀后倒在锅中，撒上香菜段，炒匀即可。

剁椒蛏子

⏰ 制作时间
14分钟

材料 蛏子450克，剁椒100克

调料 酱油、料酒、红油、盐、葱各适量

做法

① 蛏子去壳留肉，洗净沥干；葱洗净，沥干切段。

② 锅中注油烧热，下蛏子，调入酱油、料酒和红油，炒至变色后加入剁椒和葱段同炒。

③ 加盐调味，炒匀即可起锅装盘。

素菜类

◆从营养学角度看，蔬菜和豆制品、菌类等素食含有大量的维生素、蛋白质、水，以及少量的脂肪和糖类，这种清淡而富含营养的食物，对于中老年人来说更为适宜。

钵子娃娃菜

⏰ 制作时间 **13分钟**

材料 娃娃菜300克，五花肉少许，红椒适量

调料 盐5克，姜3克，蒜3克，鸡精适量，香油适量

做法

1 娃娃菜洗净，切条状；五花肉洗净，切片；红椒洗净，切圈；姜、蒜洗净，切末。

2 烧开水，加入娃娃菜焯熟，捞出沥干水分，放于钵子中；油烧热，下入姜、蒜爆香，再放入五花肉和红椒炒熟，加盐、鸡精略炒，起锅倒在娃娃菜上，淋上香油即可。

醋熘辣白菜

制作时间
12分钟

材料 白菜350克

调料 干红椒段、料酒、醋、盐、水淀粉各适量，姜片、酱油各适量

做法

①白菜洗净，取梗切成斜刀片。

②油烧热，放入白菜煸至断生，盛出，控干水分；油再烧热，放入干辣椒、姜片炒香，下入白菜翻炒几下，烹入料酒、醋、酱油、盐调味，加入水淀粉勾芡即可。

芋儿烧白菜

制作时间
15分钟

材料 小芋头150克，大白菜100克

调料 三花奶、姜、盐、上汤、葱花、味精各2克

做法

①姜、大白菜、小芋头洗净。

②姜切片。

③油下锅，爆香姜片。

④加入上汤。

⑤放入芋头烧至快熟时加入大白菜。

⑥下三花奶、盐、味精。

⑦撒上葱花出锅即成。

炝炒大白菜

制作时间
14分钟

材料 大白菜400克

调料 盐3克，味精2克，干椒、花椒、葱花各适量

做法

①大白菜洗净切丝。

②锅置火上，注水烧沸，下入白菜丝稍焯，捞出，沥水。

③油锅烧热，下入干椒、花椒炝锅。

④再放白菜丝翻炒片刻，调入盐、味精，撒上葱花即可。

清炒娃娃菜

制作时间 **15分钟**

材料　娃娃菜300克

调料　盐、料酒、香油、大蒜、红椒各适量，味精2克

做法

①娃娃菜洗净；大蒜去皮洗净，切片；红椒洗净，切碎。

②油锅烧热，将大蒜、红椒炒香，再放入娃娃菜炒片刻。

③调入盐、味精、料酒炒匀，淋入香油即可。

炝炒包菜

制作时间 **12分钟**

材料　包菜500克

调料　味精3克，蒜、盐各6克，干椒30克，花椒10克

做法

①包菜洗净切成小块；干椒、葱洗净切段；蒜洗净剁成蓉。

②锅中加水烧沸，下入包菜焯熟，捞出。

③锅中加油烧热，下入干椒、花椒炝锅，再放包菜，加入调味料炒至入味即可。

板栗娃娃菜

制作时间 **10分钟**

材料　板栗100克，娃娃菜250克

调料　盐3克，葱花、红椒各5克，鸡汤适量

做法

①娃娃菜洗净。

②红椒洗净，切丁。

③板栗放开水中煮熟，去壳待用。

④锅置火上，入油烧热，下入红椒丁略炒，放入鸡汤烧开。

⑤下入娃娃菜煮软，调入适量盐，然后放入板栗稍煮，撒上葱花即可。

红烧油豆腐

⏰ **制作时间**
14分钟

材料 油豆腐100克，干辣椒段7克，水发香菇、葱段各少许

调料 辣椒酱15克，盐、鸡粉、蚝油、高汤、食用油各适量

食材处理

①油豆腐对半切开。

②装入盘中备用。

做法

①用油起锅，倒入干辣椒段、葱段、水发香菇、辣椒酱炒香。

②倒入切好的油豆腐，拌炒片刻。

③注入少许高汤，翻炒至油豆腐变软。

④加盐、鸡粉、蚝油调味翻炒至熟。

⑤将锅中材料盛入沙煲中，加盖，置于小火上焖煮片刻。

⑥撒上少许葱段，关火即可。

制作指导 倒入的高汤以没过锅中的食材为佳，若太少会导致粘锅。

麻婆豆腐

制作时间 **10分钟**

材料 豆腐300克

调料 盐、豆瓣酱、淀粉、葱花各5克，花椒10克，辣椒油25克

做法

①豆腐洗净切成四方小丁，焯熟；姜、蒜、葱洗净，均切成末。

②油烧热，下入豆瓣酱炒至出味，下入辣椒油、花椒和水，最后下入豆腐烧5分钟，下入其他调味料后勾芡，撒上葱花即可。

家常豆腐

制作时间 **12分钟**

材料 豆腐300克，冬笋、青椒、黑木耳各适量

调料 盐2克，酱油10克，醋5克，红椒适量

做法

①豆腐洗净，切块。

②冬笋洗净，切片。

③青椒、红椒洗净，切片。

④黑木耳泡发洗净。

⑤油烧热，放入豆腐煎成金黄色，再放入冬笋、青椒、红椒、黑木耳炒匀，再倒入酱油、醋炒至熟，加入盐调味，起锅装盘。

深山老豆腐

制作时间 **10分钟**

材料 豆腐400克，豆芽少许

调料 盐、酱油、醋、红油、红椒、香菜各少许

做法

①豆腐洗净，切片；香菜洗净切段；红椒洗净，切碎；豆芽洗净焯熟。

②豆腐焯水，沥干，装入盘中，将盐、酱油、醋、红油、红椒碎、豆芽装入碗中拌匀，再浇在盘中的豆腐上，撒上香菜即可。

辣皮蛋豆腐

⏰ 制作时间
8分钟

材料 豆腐350克，皮蛋100克

调料 盐、红油、辣椒油各适量，熟芝麻少许

做法

① 豆腐洗净，切片后入沸水中滚烫，捞出沥水，装盘。

② 皮蛋剥壳，切成瓣状，放在豆腐上。

③ 用盐、红油、辣椒油调成味汁。

④ 将味汁浇入盘中。

⑤ 最后撒上熟芝麻。

农家豆腐

⏰ 制作时间
10分钟

材料 豆腐400克，蒜苗30克

调料 盐3克，酱油15克，红椒少许

做法

① 豆腐洗净，切块。

② 蒜苗洗净，切片。

③ 红椒洗净，切成圈。

④ 油烧热，放入豆腐块煎至金黄色，放入蒜苗、红椒炒匀。

⑤ 加入适量清水煮至汁浓时，再加入盐、酱油拌匀，起锅装碗。

豆腐泡菜

⏰ 制作时间
10分钟

材料 豆腐300克，泡菜150克，生菜50克

调料 麻油5克，盐水适量

做法

① 生菜洗净，铺在盘底。

② 豆腐洗净，切成长方形块状，放入盐水中烫熟，捞出沥水后摆盘。

③ 泡菜盛入盘中，在豆腐上淋上麻油即可。

豆腐炒辣白菜　⏰制作时间 13分钟

材料　豆腐250克，辣白菜300克

调料　盐2克，葱白、辣椒、红油各10克，味精2克

做法

❶ 豆腐洗净，切片，入水中煮熟，捞出装盘；葱白、辣椒洗净，切片。

❷ 油锅烧热，下入辣椒炒香，加辣白菜、葱白炒匀，加盐、味精、红油调味，盛入装豆腐的盘即可。

酸菜米豆腐　⏰制作时间 35分钟

材料　酸菜80克，米豆腐250克，红椒适量

调料　盐、料酒、红油、葱、高汤、味精、水淀粉各适量

做法

❶ 酸菜洗净，切碎；米豆腐洗净，切块；葱洗净，切花；红椒洗净，切末。

❷ 油烧热，入酸菜、红椒末炒香，注入高汤烧开，放入米豆腐煮20分钟，调入盐、味精、料酒、红油拌匀，以水淀粉勾芡，起锅装盘，撒上葱花即可。

芝麻豆皮

⏰ **制作时间** **6分钟**

材料 豆皮400克，熟芝麻少许

调料 盐、醋、老抽、红油、葱各少许

做法

1 豆皮洗净，切正方形片；葱洗净切花；豆腐皮入水

焯熟；葱花以外调味料调成汁，浇在每片豆腐皮上。

2 再将豆腐皮叠起，撒上葱花、芝麻，斜切开装盘即可。

川味香干

⏰ **制作时间** **8分钟**

材料 烟熏香干250克，黄瓜25克

调料 大蒜、生抽、红油各10克，盐3克

做法

1 香干洗净，入盐水中煮熟，切成小片，摆放在盘中。

2 黄瓜洗净，切成小片，放在豆干旁作盘饰。

3 大蒜洗净，剁碎。

4 锅置火上，入油适量，烧至六成热，下入大蒜炒香，再放入盐、生抽、红油调匀，淋在香干上即可。

小提示 豆腐要切得厚薄均匀，蒸的时间不能过长，否则口感不鲜滑。

千叶豆腐

⏰ 制作时间 **12分钟**

材料 水豆腐500克，香菇末5克，榨菜末4克，白果5克，叉烧末6克，青椒、红椒碎适量

调料 蚝油5克，生抽5克，老抽4克，味精2克，鸡精2克，上汤、淀粉适量

做法

① 将豆腐改成薄片，摆入圆盘中成形，上煲蒸熟，取出，吸去豆腐上的水分。

② 将白果、叉烧末、香菇末、榨菜末、青椒、红椒碎加入调味料炒香，放于豆腐盘中间。

③ 锅上火，加上汤，调入蚝油、生抽、老抽，用淀粉勾成芡汁，淋在盘中即可。

四川老坛泡菜

制作时间 3天

材料 白萝卜、胡萝卜、莴笋各50克

调料 盐、辣椒油、醋、红糖各适量，葱花少许

做法

① 白萝卜、胡萝卜均洗净，切成长条状。

② 莴笋去皮洗净，切条后入沸水焯熟。

③ 将所有原材料晾干，放入加凉开水、盐、辣椒油、醋、红糖的泡菜坛中腌渍3天。

④ 装盘时撒上葱花即可。

什锦泡菜

制作时间 1天

材料 白萝卜200克，胡萝卜、莴笋各50克

调料 盐、白糖、白醋、红椒各适量

做法

① 白萝卜、胡萝卜分别洗净，切条。

② 莴笋去皮洗净，切条。

③ 红椒洗净，切块。

④ 泡菜坛中倒入凉开水，加盐、白糖、白醋调成泡菜水。

⑤ 将白萝卜、胡萝卜、莴笋放入坛中密封浸泡1天，捞出装盘。

⑥ 加入红椒即可。

泡菜拌黄瓜

制作时间 7分钟

材料 黄瓜300克，泡菜50克

调料 白醋、红油、香油各适量

做法

① 黄瓜洗净，切块。

② 泡菜切碎。

③ 将泡菜、白醋、红油、香油调匀成味汁。

④ 将黄瓜与味汁拌匀即可。

拍黄瓜

⏰ 制作时间
12分钟

材料 黄瓜350克，红椒20克，苦菊、蒜末、葱花各少许

调料 盐3克，陈醋8毫升，鸡粉2克，生抽、芝麻油各少许

食材处理

① 将洗净的红椒切成圈。

② 洗好的黄瓜拍破，切成段。

做法

① 黄瓜装入碗中，加入红椒圈、洗好的苦菊。

② 倒入蒜末，加入盐、鸡粉。

③ 倒入陈醋。

④ 放入葱花、生抽拌匀。

⑤ 加少许芝麻油，用筷子充分拌匀。

⑥ 将拌好的黄瓜盛入盘中即可。

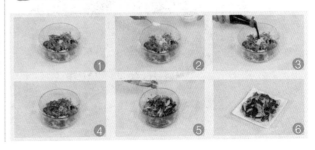

制作指导▶黄瓜尾部含有较多苦味素，具有防癌抗癌的作用，因此不宜把黄瓜尾部全部去掉。

四川泡菜

⏰ 制作时间
1天

材料 萝卜100克，豆角50克，白菜250克

调料 盐20克，醋250克，白酒20克，香菜叶2克

做法

① 将白菜、萝卜洗净切段；豆角洗净，去老筋切段。

② 将原材料放入泡菜坛中，加入盐、白酒、醋、清水。

③ 将约24小时后取出，撒上香菜叶即可食用。

泡椒莴笋

⏰ 制作时间
7分钟

材料 莴笋200克，泡椒100克，圣女果20克，心里美萝卜、胡萝卜各适量

调料 盐、鸡精适量，醋15克

做法

① 将莴笋去皮洗净，切菱形块，入开水锅中焯水至熟，捞出装盘；将胡萝卜、心里美萝卜洗净，切块，焯水后装盘；圣女果洗净，装盘中。

② 将醋、盐、鸡精调成味汁，倒在装有原材料的盘子，用泡椒装饰即可。

川辣黄瓜

⏱ 制作时间
6分钟

材料　黄瓜500克

调料　白糖、醋、香油、盐、花椒各少许，干辣椒节25克，油20克

做法

❶ 黄瓜洗净，切成条。

❷ 干辣椒节用水洗净。

❸ 碗内放盐、糖、醋，加少量清汤，拌匀，做成味汁。

❹ 干辣椒、花椒、入油锅炸香。

❺ 将锅离火，放入黄瓜条翻炒均匀，加香油，浇上调味汁即可。

川味黄瓜

⏱ 制作时间
8分钟

材料　黄瓜300克，辣椒碎50克

调料　大蒜、姜、香油、红油各25克，盐3克，味精2克，干红椒50克

做法

❶ 辣椒、干红椒洗净，切成丁；大蒜、姜洗净，剁碎；黄瓜洗净，切小片，摆盘，撒上辣椒碎。

❷ 锅置火上，放油，烧至六成热，下入干红椒、大蒜、姜炒香，再放入盐、香油、红油、味精调匀，装入盘中即可。

萝卜苗拌豆腐丝

制作时间 6分钟

材料 萝卜苗、豆腐丝各150克

调料 盐3克，香油、味精各2克，干辣椒10克

做法

① 豆腐丝洗净，放沸水中煮熟，捞出沥干水分，备用。

② 萝卜苗治净，放开水中烫熟。

③ 锅下油烧热，放入干辣椒爆香备用。

④ 将豆腐丝和萝卜苗放入盘内，加盐、味精、干辣椒、香油拌匀即可。

咸菜脆瓜皮

制作时间 12分钟

材料 咸菜80克，黄瓜200克，猪肉50克

调料 盐、味精、料酒、香油、红椒各适量

做法

① 猪肉洗净，切末。

② 黄瓜洗净，取皮切块。

③ 红椒洗净，切小段。

④ 油锅烧热，入黄瓜皮稍炒，加入肉末、红椒同炒至熟。

⑤ 放入咸菜翻炒片刻。

⑥ 调入盐、味精、料酒，淋入香油即可。

酸辣黄瓜

制作时间 10分钟

材料 黄瓜250克，红椒、生菜各50克

调料 盐、生抽、辣椒油、醋、葱、蒜各少许

做法

① 黄瓜洗净，切片。

② 红椒洗净，去籽切丁。

③ 生菜洗净，铺在盘底。

④ 葱洗净，切丝。

⑤ 蒜去皮，切末。

⑥ 将黄瓜、红椒一起装盘，加入盐、生抽、辣椒油、醋、蒜末拌匀。

⑦ 最后撒上葱丝。

凉拌莲藕

⏰ 制作时间
11分钟

材料 花生米300克,莲藕150克,菠菜100克

调料 盐3克,生抽10克,醋15克,红油5克

做法

① 将莲藕去皮,洗净,切成薄片;菠菜洗净,切

去根。

② 将花生米炸熟,莲藕、菠菜均入沸水中焯至熟后,捞出与花生米一起装盘。

③ 将所有调料调匀,淋在莲藕、菠菜上即可。

麻辣藕丁

⏰ 制作时间
9分钟

材料 莲藕500克,干椒、花椒各20克

调料 味精4克,葱、盐各6克,姜5克

做法

① 莲藕去皮洗净,切成小丁;葱洗净切小段;干椒切斜刀段。

② 锅中加油烧热,下入干椒、花椒爆香。

③ 再加入藕丁、葱、姜炒匀,调入盐和味精即可。

小炒笔杆笋

⏰ 制作时间
15分钟

材料 小笋350克，青椒、红椒适量

调料 盐、白醋、香油各适量

做法

① 小笋洗净，焯水后捞出，切小段；青椒、红椒均

洗净，切小段。

② 油锅烧热，放入青椒、红椒炒香，加入小笋同炒。

③ 调入盐、白醋炒匀，淋入香油即可。

油焖笋干

⏰ 制作时间
13分钟

材料 笋干300克

调料 盐、生抽、香油、淀粉各适量

做法

① 将笋干泡发洗净，切段。

② 热锅下油，下入笋干煸炒至八成熟，用淀粉勾芡。

③ 再下入盐、生抽炒匀，炒熟后淋入香油即可。

胡萝卜丝瓜酸豆角

⏰ 制作时间 **10分钟**

材料 丝瓜、胡萝卜、酸豆角各80克

调料 味精、盐各3克，香油、生抽各10克

做法

① 丝瓜洗净，去皮和瓜瓤，切成小段，放入开水中烫熟，放入盘底。

② 胡萝卜洗净，去皮，切成小段，焯水摆盘；酸豆角洗净，切成小段，摆盘。

③ 将味精、盐、香油、生抽调匀，淋在丝瓜、胡萝卜、酸豆角上即可。

翡翠玻璃冻

⏰ 制作时间 **7分钟**

材料 海白菜400克，红椒40克

调料 盐、味精各3克，红油15克

做法

① 海白菜洗净，切条；红椒洗净切圈；海白菜与红椒圈同入开水锅中焯水，捞出摆盘。

② 红油加盐、味精调匀，淋在海白菜上即可。

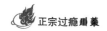

沙锅鲜山药

⏰ 制作时间 **15分钟**

材料 山药300克，洋葱片、青椒片、彩椒片各30克，姜片、蒜末、葱白各少许

调料 盐、味精、白糖、蚝油、水淀粉、白醋、豆瓣酱各适量

食材处理

① 将去皮洗净的山药切块。

② 锅中加清水，放入适量盐。

③ 倒入山药，加白醋煮约1分钟，捞出煮好的山药。

做法

① 起油锅，倒入姜片、蒜末、葱白爆香。

② 倒入洋葱片、青椒片、彩椒片炒香。

③ 加豆瓣酱炒香，倒入山药炒匀。

④ 加入盐、味精、白糖、蚝油炒至入味。

⑤ 加水淀粉勾芡，淋入熟油炒匀。

⑥ 将锅中的材料盛入沙锅，置于大火上，加上盖，烧开，关火，端下砂煲即可。

制作指导 山药切块后需立即浸泡在盐水或醋水中，以防止氧化发黑。

鲜椒水萝卜

⏰ 制作时间 **8分钟**

材料 水萝卜400克，青椒、红椒各20克

调料 盐、味精各3克，陈醋、辣椒油各适量

做法

❶水萝卜洗净，切花状，摆入盘中；青椒、红椒洗净，切圈；将盐、味精、陈醋、辣椒油调成味汁。

❷将青椒、红椒入开水锅稍烫后，捞出撒在水萝卜上。

❸将水萝卜淋上味汁即可。

酱香萝卜干

⏰ 制作时间 **30分钟**

材料 白萝卜适量

调料 盐、蒜、红辣椒、酱油、料酒各适量

做法

❶白萝卜洗净，切块，晒干；红辣椒洗净，剁碎；蒜去皮，洗净剁碎。

❷将晒萝卜放进干燥的盆内，加盐揉搓至软，放入酱油、红辣椒、盐、蒜搅拌均匀，放入坛子里，加适量料酒，把坛子封住，腌至酱红色，再捞出切片即可。

川北凉粉

制作时间 7分钟

材料 豌豆凉粉400克

调料 葱、盐、酱油、醋、花椒粉、白糖、蒜蓉各少许

做法

1. 豌豆凉粉切丝摆于盘中。
2. 将盐、酱油、醋、白糖、花椒粉、蒜蓉一同入碗，拌匀，调成味汁。
3. 将味汁浇在凉粉上面。
4. 撒上葱花即可。

酸辣魔芋丝

制作时间 10分钟

材料 魔芋丝300克

调料 红椒、葱、辣椒油、醋、蚝油、糖各适量

做法

1. 魔芋丝泡水，洗净。
2. 红椒去蒂，洗净，切碎。
3. 葱洗净，切碎。
4. 将醋、蚝油、辣椒油、糖、红椒一同入碗，拌匀调成味汁。
5. 锅倒水烧开，放入魔芋丝煮熟后，捞出，装盘，淋上味汁，撒上葱花一起拌匀即可。

风味蕨根粉

制作时间 15分钟

材料 蕨根粉300克，青椒、红椒适量

调料 朝天椒、葱花、盐、醋各适量

做法

1. 蕨根粉洗净，加温水浸泡。
2. 红椒、青椒治净切丝。
3. 朝天椒洗净，切圈。
4. 蕨根粉煮至透明，放凉备用。
5. 红椒、青椒、朝天椒氽熟，加入盐、醋调好味，淋至凉透的蕨根粉上。
6. 撒上葱花即可食用。

第 4 部分

16 道
有滋有味的
川味锅

四川火锅用料十分广泛，制作精细，鲜香味美，口味大众化，老少咸宜。四川火锅的品种很多，干锅是相对于火锅而得名的。火锅汤汁多，可以涮烫各种原料，而干锅相对汤汁较少。干锅可以根据不同的原料搭配不同的辅料，能起到口感互补的作用。四川火锅对原料的要求比较复杂，对原料的选用加工要求很高，对汤汁的调配也很讲究，对配方、火候、操作过程的要求较高，此外还涉及味碟的变化和运用。

毛肚火锅

⏰ 制作时间 **22分钟**

材料 毛肚500克，冬瓜200克，蘑菇300克，豆腐200克，青菜300克，红薯粉200克，虾150克，黄花菜30克，猪腰100克

调料 盐8克，味精6克，辣椒粉、红油、豆瓣酱各10克，胡椒粉少许，料酒、麻油各3克，姜、蒜各15克，牛油50克

做法

① 毛肚洗净切片；冬瓜去皮洗净切片；豆腐切片；红薯粉泡发；猪腰洗净改刀；其余材料洗净。

② 净锅上火，下入牛油，投入姜、蒜、辣椒粉、豆瓣酱，倒入料酒炒香，注入清汤，调入红油、盐、胡椒粉、麻油，倒入火锅内。

③ 往红汤里加入味精即可烫食其他材料。

▌菌汤滋补火锅 ⏰ 制作时间 25分钟

材料　肉丸、饺子、蟹柳、炸腐竹、海带丝、带鱼、猪脑、葱花、冬瓜、蒜蓉、泡菜、墨鱼仔各适量

调料　A：野山菌、牛肝菌、竹荪、盐各适量；B：党参、红枣、枸杞、猪骨汤、鸡肉、西红柿片、桂圆肉、香油、盐各适量

做法

1. 各原材料分别洗净，改刀，入碟，摆在火锅周围。
2. 调味料A混合，加水熬煮成菌汤；B混合，熬煮成滋补汤，再将二者分别倒入火锅中。
3. 食用时将各原材料入火锅中烫熟即可。

▌双味火锅 ⏰ 制作时间 28分钟

材料　面条、粉丝、肉丸、豆腐、羊肉卷、冬瓜、鱼头、生菜叶各适量

调料　A：野山菌、牛肝菌、竹荪、盐各适量；B：干辣椒节、八角、桂皮、茴香、陈皮、草果、麻油、辣椒油、葱节、盐各适量

做法

1. 粉丝洗净；豆腐、冬瓜、生菜叶洗净切片；鱼头治净；将各原材料分置入碟，摆放在火锅周围。
2. A混合，加水熬煮成菌汤；B混合，加水熬煮成麻辣汤；再将二者分别倒入火锅中，食用时将各原材料入火锅中烫熟即可。

三鲜豆腐火锅

⏰ 制作时间 **30分钟**

材料 嫩豆腐150克，香菇、午餐肉各110克，蟹柳100克

调料 料酒25克，盐10克，味精5克，姜末30克，猪油50克，肉汤1250克，葱1根

做法

① 将嫩豆腐剖成3厘米见方的块，放入锅内；其他原料洗净切好。

② 将豆腐和所有原材料一起放入沸水中煮熟。

③ 再加入所有调味料调味即可。

① ② ③

啤酒鸭火锅

⏰ **制作时间**
50分钟

材料 新鲜鸭1只，午餐肉150克，蹄筋100克，生菜、魔芋各200克，啤酒350克

调料 菜油150克，猪油100克，白糖、豆瓣酱、泡姜片各30克，泡辣椒节40克，蒜瓣10瓣，老姜50克，花椒、精盐各10克，味精5克，胡椒面3克

做法

① 鸭子除去内脏，斩成4厘米见方的块；魔芋洗净切成长条状；午餐肉切成片；生菜洗净。

② 将斩好的鸭块入沸水中焯去血水。

③ 将鸭块和所有调味料一起炒匀，再加入啤酒炒至入味，盛入锅仔内，即可烫食其他原材料。

涮羊肉火锅

⏰ 制作时间 **45分钟**

材料 羊肉片500克，白菜心150克，水发细粉丝、糖蒜各60克，豆腐1块，金针菇30克，红枣、枸杞各少许

调料 味精、胡椒粉各3克，鸡精、盐各5克，料酒、香菜末、葱花各30克，麻酱150克

做法

① 将麻酱用冷开水调成稀糊状放在小碗里。

② 将白菜心切去头尾老硬部分，放在大盘里；将羊肉片、水发细粉丝分别放在盘里，其他材料分别放在小碗里。

③ 再将清汤加入调味料，调好味即可烫食，麻酱用来蘸食即可。

金针菇肥牛火锅

🕐 **制作时间**
50分钟

材料　金针菇200克，肥牛肉片150克，红枣20克，腐竹50克

调料　鸡精、盐各5克，胡椒粉、味精各3克，香油20克，高汤适量

做法

① 金针菇去根部、洗净；腐竹洗净。

② 金针菇、腐竹放入锅仔底部，上面摆上肥牛肉片。

③ 将净锅上火，下入高汤，放入红枣，调入调味料，倒入锅中即可。

生鱼散翅火锅

制作时间 **40分钟**

材料 生鱼1条，蘑菇100克，青菜150克，鸡蛋1个

调料 盐、鸡精、姜各5克，味精、胡椒各2克，淀粉少许

做法

① 将生鱼宰杀，洗净，取鱼肉，切成薄片，将鱼头、鱼骨切块；青菜洗净；蘑菇洗净切片；姜切片。

② 将鱼头、鱼骨洗净，煲成鱼骨汤，装入火锅内。

③ 鱼骨汤中放入调味料拌匀，鱼片用蛋清和少许淀粉拌匀，与青菜、蘑菇一起上桌，在鱼骨汤中烫食即可。

霸王别姬火锅

制作时间 **40分钟**

材料 水鱼1只，鸡半只

调料 盐、鸡精各5克，胡椒粉、味精各3克，香油20克，红椒和生姜各少许

做法

① 鸡洗净，去内脏，斩成块；水鱼洗净，斩块。

② 锅烧热，将鸡块和水鱼块倒入，加调味料一起炒匀。

③ 加入红汤调味，倒入锅仔即可。

鸳鸯火锅

制作时间 **50分钟**

材料　猪大骨汤16碗，金针菇、芋头、豆腐、茼蒿、墨鱼、鱼丸、甜玉米、牛心顶、西红柿各适量

调料　辣豆瓣3大匙；牛油200克，冰糖10克，醪糟5克，红油3大匙，花椒粒1大匙，盐半茶匙，蒜末、葱花各少许

做法

①所有原材料洗净，改刀后，装入盘内。

②鸳鸯锅的一边放上熬好的清汤，清汤内放入西红柿片。

③将所有的调味料炒成红汤锅底，盛入鸳鸯锅的另一边，烫食其他食材即可。

三味火锅

制作时间 **45分钟**

材料　生菜、油条、西红柿、海带、笋尖、毛肚、肉丸、火腿片、玉米、莲藕、香菇、冬瓜、香菜各适量

调料　A：野山菌、牛肝菌、竹荪、盐各适量；B：党参、红枣、枸杞、猪骨汤、鸡肉、西红柿片、桂圆肉、香油各适量；C：干辣椒、八角、桂皮、茴香、陈皮、草果、麻油、辣椒油、葱节、盐各适量

做法

①所有原材料洗净，改刀，摆盘，放在火锅周围。

②A混合，加水熬煮成菌汤；B混合熬煮成滋补汤；C混合加水熬煮成麻辣汤；分别倒入火锅中，食用时将各原材料入火锅中烫熟即可。

海鲜火锅

⏰ 制作时间
40分钟

材料 虾150克，蟹2只，墨鱼2只，鱿鱼200克，马蹄150克，豆腐200克，茼蒿100克

调料 红油10克，盐8克，味精6克，胡椒粉少许，料酒、麻油各3克，豆瓣酱10克，姜、蒜各15克，牛油50克

做法

① 将蟹宰杀洗净；虾洗净，用竹签串起来；墨鱼洗净；鱿鱼洗净切成花状；茼蒿洗净，将原材料分别装盘。

② 清汤内下入马蹄煲入味。

③ 再加入调味料调味，其余菜配放在旁边烫食即可。

滋补乌鸡火锅

🕐 **制作时间**
45分钟

材料 薏米、白芷各20克，沙参30克，大枣10粒，枸杞20粒，乌骨鸡1只，莲子、腐竹、午餐肉、青菜、蘑菇各适量，白汤2500克

调料 精制油50克，姜、蒜、胡椒粉、葱各5克，味精10克，料酒、鸡精各20克

做法

❶ 沙参洗净，切成2厘米长的节，其余食材洗净。

❷ 乌骨鸡宰杀，去毛、内脏、头、脚，斩成4厘米见方的块，入汤锅氽水捞起。

❸ 炒锅置火上，下油加热，放姜、蒜片、乌骨鸡炒香，倒入白汤，放味精、鸡精、料酒、胡椒粉、薏米、白芷、大枣、枸杞、沙参烧沸，撇去浮沫，倒入火锅盆，上台烫食其他食材即可。

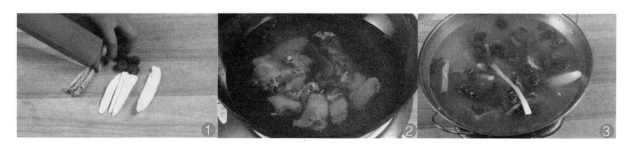

四喜火锅

⏰ 制作时间 **40分钟**

材料 虾丸、鱼丸、蟹丸各200克，烧卖、粉丝、小白菜、金针菇、蟹柳各100克

调料 鸡精、盐各5克，胡椒粉、味精各3克，香油20克

做法

① 将白菜洗净，粉丝洗净后泡发，金针菇洗净，分别垫入锅内；其他材料洗净装盘。

② 将虾丸、鱼丸、蟹丸、蟹柳一起入锅煮熟。

③ 再加入所有调味料，烫食其他食材即可。

锅仔蹄花

⏰ 制作时间 **40分钟**

材料 猪蹄500克，黄瓜50克，竹笋20克，泡椒15克

调料 味精3克，干辣椒、花椒、蒜米、香料各10克，郫县豆瓣15克，鸡精、盐、姜米各5克

做法

① 猪蹄洗净斩成小块，入烧开的水中稍焯，捞出沥水；黄瓜、竹笋洗净，切块，放入锅仔中。

② 锅中油烧热，放干辣椒、泡椒、豆瓣、姜米、蒜米炒香，加适量水煮开，调入盐、味精煮入味，去渣。

③ 放入猪蹄和香料，文火炖至猪蹄熟烂，倒在放有黄瓜、竹笋的锅仔中即可。

锅仔粉丝猪蹄

⏰ 制作时间 **30分钟**

材料 猪蹄100克，粉丝50克，卤汁500克

调料 盐5克，味精2克

做法

① 猪蹄洗净斩件；粉丝泡发。

② 将锅中水烧开，放入猪蹄焯烫，捞出沥水后放入煮开的卤汁中。

③ 卤1小时至熟烂，锅中加少许水，放入粉丝、猪蹄，调入盐、味精煲15分钟即可。